聰明表達，安靜也有影響力

SMART, NOT LOUD

不用改變天性，
也能在職場脫穎而出的
關鍵能力

Jessica Chen

陳俐安——著　吳宜蓁——譯

HOW TO GET NOTICE AT WORK FOR ALL THE RIGHT REASONS

好評推薦

「沉默不是美德的全部，適時說話，是一種更深層的自信。在這個『會說話的人先被看見』的時代，這本書不是教你變得喧鬧，而是告訴安靜但努力的你，如何在不違背本性、不改變文化底色的前提下，被看見、被理解、被記住。」

——《看得見的高效思考》作者、鉑澈行銷顧問策略長／劉奕酉

「在職涯規劃過程中，內向者常會擔心因為不夠社交而失去工作優勢。事實上，外向者在社交上活躍，但內向者則擁有專注的優勢，擅長傾聽和冷靜分析問題。本書鼓勵大家認識並珍惜內向者的力量，幫助他們在職場中找到自己的聲音，進而發揮自己的潛

力。」

——國際獵頭／Sandy Su（蘇盈如）

「我認為這是我讀過關於溝通最棒的書之一。現在每一位商業人士都必讀的一本書！」

——暢銷書《給予的力量》（*The Go-Giver*）作者／鮑伯・柏格（Bob Burg）

「這是一本在職場上如何成功的指南。陳俐安（Jessica Chen）告訴我們，如何在不必高聲喧嘩的情況下，讓自己的聲音被聽見。」

——暢銷書《暗示的力量》（*Cues*）與《和任何人都能愉快相處的科學》（*Captivate*）作者／凡妮莎・范・愛德華茲（Vanessa Van Edwards）

「《聰明表達，安靜也有影響力》非常適合想更了解安靜同事的人，也幫助那些天生內向的人學會有效地發聲、捍衛自己。」

——史丹佛大學商學研究所講師、《思考更敏捷，說話更機智》（*Think Faster, Talk Smarter*）作者及同名播客主持人／麥特・亞伯拉罕（Matt Abrahams）

「如果你曾在職場上努力想讓人聽見自己的聲音、天真以為努力工作自然會被看見，或害怕發表意見會帶來麻煩，那麼《聰明表達，安靜也有影響力》會教你，即使是最安靜的人也能以聰明、策略的方式展現力量。」

——《隱性優勢》（*Edge: Turning Adversity into Advantage*）作者／黃樂仁（Laura Huang）

「這本書對來自安靜文化背景的人特別有共鳴，充滿了讓人忍不住點頭認同、甚至會心一笑的真實例子和實用建議。」

——花旗私人銀行南亞區主席／李隆年（Lung-Nien Lee）

「這是一本實用的循序指南，教你如何成為自信的溝通者、有力的自我倡導者，並贏得應得的關注——同時，仍然忠於自己。」

——《認真傾聽》（*Listen Like You Mean It*，直譯）與《安心休息》（*Rest Easy*，直譯）作者／希蜜納．文戈謝（Ximena Vengoechea）

「《聰明表達，安靜也有影響力》精準診斷出為什麼這麼多有才華的人在職場上被忽視、未被看見。陳俐安（Jessica Chen）不只是同理那些帶有『安靜文化特質』的人，她自己也是如此。這是一本為想要加速職涯發展的人提供的必讀之作。」

——《放下沉默》（*Unlearning Silence*，直譯）作者／伊萊恩．林．赫琳（Elaine Lin Hering）

「《聰明表達，安靜也有影響力》提供了充滿思考的策略，教你如何自豪地分享自己的工作成果，即使這和你過去學到的方式不同。你無需變成另一個人，只需用你原本就擁有的閃光點，讓自己在職場上被看見。」

——《沒人看見你的好，你要懂得自己誇》（*Brag Better*）作者、演講者兼企業家／梅樂迪斯．芬曼（Meredith Fineman）

「《聰明表達，安靜也有影響力》強力提醒我們：要獲得應有的認可與回報，並不需要改變自己——只要磨練溝通技巧就行了。陳俐安（Jessica Chen）以專業建議和清晰範例，帶領讀者一步步做到這點。即使我成長於『安靜文化』，如今也學會了如何在『外向文化』中茁壯。」

——西雅圖大學教師發展顧問、《我想和你聊一聊》（*Let's Talk*）作者／泰蕾絲．休斯頓（Therese Huston）

「陳俐安（Jessica Chen）以自己和他人的經歷編織出一個極具共鳴的敘事。她提出的清晰框架，只要一開始實踐，就能立刻帶來成長。這是一本幫助任何人放大自身聲音、又不失本色的重要資源。」

——哈佛商業出版公司人資與人才長／安琪拉・程－西米尼（Angela Cheng-Cimini）

「內向者會非常欣賞這本書提供的出眾指引。」

——《出版人週刊》（*Publishers Weekly*）

CONTENTS

PART 1

文化衝擊

PART 2

安靜資本框架

PART 3

溝通優勢

作者序

最初我在構思這本書時，它應該是一本針對亞裔美國人在職場上的溝通策略指南。然而，隨着研究的深入，我越來越意識到我想要強調的掙扎和摩擦，其實也正困擾著世界各地的人們。被人看不見、聽不到和彷如隱形的感覺，在各地引起了共鳴。但更重要的是，這些感覺全都可以歸因於我們成長過程中學到的價值觀和信念。

這本書是寫給那些被培養出「安靜」特質，如今卻生活在「外向」世界中的人，是為了那些想要在工作中展現自己、被人注意，卻又不想在過程中失去自我的人而寫的。

在撰寫本書時，我對「安靜文化」和「外向文化」做了概括性描述，粗略的描述了「安靜」和「外向」，然而實際上，它們比概述的更加微妙。有一點必須強調，無論你的成長環境是傾向安靜文化還是外向文化，**兩者並無優劣之分**，都具有同樣的價值和必要性。此外，我們在工作中的表現方式與感受，不只受到成長環境的影響，還有其他多種因素。本書並未提及那些額外的影響因素，也沒有深入探討可能使我們更難被看到、被聽到的其他偏見、歧視和霸凌行為。

為了保護當事人，書中採取化名。而在有提及從屬關係的地方，那些接受訪問並且分享了真實經歷者，則使用他們的真實姓名。

前言

凱文是一名在大型消費品牌公司的基層員工，他帶著難掩的失望之情，走進老闆的辦公室。他無法理解自己為何被排除在期待已久的升遷之外，為了弄清問題的根源，他走到老闆班的面前，提出了困擾他許久的問題：「你不是一直很滿意我的表現嗎？為什麼這次升遷的不是我？」

本來一直忙著處理一些緊迫事務的班，轉向凱文並回答：「我給你看點東西。」他走到辦公室的白板前，拿起一支白板筆，畫了幾個圓圈，開始解釋：「這裡的每個圓圈，都代表我目前生活中正在發生的事情，我在思考自己的晉升、如何處理一個對我很不滿的客戶、我太太想要我陪她參加晚宴、我的狗剛扭傷了，還有孩子和他們的棒球賽。我有三十名員工，當中有三個人常來我的辦公室，我們總是會閒聊。」他停頓了一下，然後繼續說：「你不是會來我的辦公室的人，那麼當我的腦海裡塞滿了這些事情時，**你猜我多久會**

想到你一次？」

凱文呆站在原地，他從未從這個角度考慮過，滿心以為自己的工作表現會——也應該為自己說話。

「我很喜歡你，」班補充說：「我知道你很有潛力，但你得要主動到我的辦公室來，讓你的存在成為我日常思考的一部分。」

這個故事是我朋友陳麥可（Michael Chen）說的，我和他在 Zoom 上聊天，討論如何才能在現今職場中取得成功。陳麥可是奇異（General Electric，簡稱ＧＥ）媒體、通訊和娛樂部門的前總裁兼首席執行長。聽他分享這個故事時，我心裡忍不住想，我能體會凱文的困境。

從小到大，從來沒有人教導我「讓自己被看見」的重要性，也不知道「持續追蹤、主動回應」其實是讓人記得你的一種策略。相反的，我被教導要努力工作、達到重要績效指標，並且不要製造麻煩。而我的期望是，只要我做了這些事情，升職加薪就會隨之而來。然而，就跟凱文一樣，沒過多久，我就發現這並不是在職場取得成功所需要的公式，真正重要的是**表現自己的能力**。不僅如此，**溝通和被看見**也是必要且值得的。於是，一個悖論開始形成。當我只被教導要體現更多「安靜」特質時，我怎麼可能「外向」？

我發現，現今社會中有一群人，是在我稱之為「安靜文化」的環境中長大的。像我們這樣的人，從小就被告知要聽從指示、傾聽他人、少說話，讓我們的工作表現為自己說話。但那些在「外向文化」中長大的人所受的教育則正好相反：要經常分享自己的觀點、表達自己的聲音，並為自己創造機會。當然這兩種文化沒有優劣之分，但當把一種文化置於另一種文化背景中，要以不違背自己天性的方式被看見，就變得相當困難。

過去，當我感到卡關時，我就沉浸在學習、傾聽和閱讀所有關於溝通和領導力的內容中，去收集如何更能讓人看見、聽見的方法。雖然這麼做很有用，但這些方法並沒有解決我最迫切的問題：**我還能堅持我的安靜文化價值觀嗎？還是我要把自己塑造成一個外向的人來適應環境？**如果不這麼做，我會被徹底遺忘嗎？

就在我開始環顧四周時，發現了一件相當令人驚訝的事情，那就是：我並不是唯一有這種感覺的人。有很多人跟我一樣，在安靜文化的價值觀中長大，不知道如何融入外向文化的工作環境，也不知道該如何表現自我。如果沒有某種特定的行為方式，他們就不知道該怎麼做。這就是為什麼我特地寫了這本書，來討論安靜文化和外向文化。具體來說，這本書是為那些在安靜文化環境中長大，現在置身於外向文化環境中工作的人而寫的。因為事實上，這種摩擦不僅是內向或外向的問題，而是更深層的東西。那是我們在人生最重要的成長過程中被灌輸的價值觀和信念，這些養分形塑了我們是誰、我們理解世界的方式，以及那些讓我們感到自在的行為模式。

本書除了是一本指南、一份貢獻，也是一種個人反思，探討了我多年前希望回答的問題。這麼多年下來，我發現不必完全迎合主流文化，也有可能被人注意到我們原本的模樣。我們還是可以發揮天性中屬於**安靜文化**的那部分，同時拓展知識、行為和溝通方式，這樣一來，就能在現今的職場更清楚、更自在地表達自我。這些就是第一部分的內容。

接下來，我們會深入探討「安靜文化」和「外向文化」這兩個世界，揭開它們的面紗。我們還會討論到，如何透過我稱之為「換框思考」（Cultural Reframes）找到文化平衡，這能幫助我們重新思考「如何與他人互動、在工作中如何運用時間、如何展現成就，以及處理衝突」。我同時也承認，在職場確實存在對「安靜文化」的偏見，所以我們將深入討論，並分享如何克服它的建議——尤其那些我們對自己說的話。因為，正如那句名言：「我們不能一遍又一遍的做同樣的事情，然後期望會得到不同的結果。」我們需要的是一張新的路線圖。

到這裡，進入書的第二部分，這裡我們要重新框架，並打造它們的「支柱」。我把這個步驟稱為「運用安靜資本框架」，它是一個包含三大支柱的結構，使我們能夠以自己想要的方式被看到。這三大支柱分別代表：**打造個人職涯品牌**、**建立可信度**、**為自己發聲**。我們將一步步討論如何將這些支柱應用到日常工作中。因為如果不能主動掌握別人如何看待我們，我們所能得到的機會與發展就會全靠運氣。

每一個好計畫的背後，都需要更出色的執行。因此第三部分我們將討論溝通技巧，這部分會更具體、更實用，而我的目的也就是如此。我們會討論職場上實用可行的溝通策略，同時讓你知道在工作中該說什麼和怎麼說。這部分的設計也是為了讓你需要演講、使用肢體語言或口語表達的技巧時，可以快速翻到特定內容。

因為在我幫助人們建立溝通信心時，我發現即使知道引起注意的技巧、準備完善，但如果不能**妥善傳達**，影響力就會大打折扣。換句話說，無論我們知道多少或準備得多周全，如果表達不到位，一切都將毫無意義。

在創立我的全球溝通培訓公司「真誠之聲」（Soulcast Media）之前，我做了將近十年的廣播電視記者。我在聖地牙哥的美國廣播公司（ＡＢＣ）時獲得艾美獎，那時是我新聞職涯的巔峰，也是我創業的轉捩點。離開電視界後，我之所以選擇進入了充斥著各種風險的創業圈，是因為發現我在新聞工作中學到的許多溝通和談話技巧，都可以應用到更廣泛的職業領域。我曾目睹最辯才無礙的演講者輕鬆駕馭棘手談話、聰穎的為自己辯護，就像上了一堂高效溝通的大師課程。這是一種心態的轉變與策略的結合，兩者的重點都是：**聰明表達，而不是大聲說話**。因此，在研究那些優秀的電視記者，並實際運用這些策略的過程中，我找到了過去一直在尋找的答案：**你不必高聲喧嘩，也能因為對的理由被看見**。

自從創辦 Soulcast Media 以來，我聽到無數的領導人和專業人士表示，他們很欣賞我在外向文化的職場中，展現對安靜文化特徵及衍生的摩擦點的認同。我經常收到這樣的留言：「我也是在一種強調謙虛、低頭工作的文化中長大的。但是，正如你指出的，當你想在辦公室裡獲得成功時，這些建議不一定是最好的。關於如何克服這些心理障礙，我讀過書、也上過相關課程，但我從未聽過對這種文化摩擦的認同，也未曾從我認識的人那裡得到建議。我認為這就是關鍵。我把你的建議記在心裡，同時簡單的應用了其中一些『黃金』技巧。」這些金子現在都在這本書裡，它們將會提供你一個全新的前進方向。

事實上，就算你是在外向文化的家庭成長，但對安靜文化的特質有更多共鳴的話，本書將提供你一張如何建立影響力的路線圖。或者，同樣也適合那些想更加理解安靜文化特徵者想法的外向文化讀者。或許透過閱讀，我們也可以開始改變人們對安靜文化特徵者的刻板印象，並打造一個更具包容性的工作環境。不過也必須說明，這本書並不是針對職場中複雜、多層次經驗的唯一解方，但它將揭開那些平時少被提及，卻深深影響我們互動的潛在動力與無聲張力。

時至今日，我很榮幸能影響全世界數百萬人。我在領英（LinkedIn）線上學習平臺上的課程一直是最受歡迎的課程之一，有超過兩百多萬人觀看，其中許多是全球企業領導人。我經常被邀請到財富百大企業演講，協助團隊在高度競爭的商業環境中，學習更好地展現自己、積極參與、脫穎而出。

回想當年那個在職場上難以表現、無法順利表達想法的自己，我仍然能看到她，因為這並不是要完全改變我們原來的模樣，而是保有安靜文化的價值觀，並重新構建它們，如此我們就能以正確的方式被看見。

現在，你也可以做到。

SMART, NOT LOUD

PART

1

文化衝擊

我們性格形成的時期——童年時期，往往深受家人和朋友影響。在這樣的環境中，我們被教導一套行為準則，指引我們如何與他人互動並表現自己。但是，如果這些準則反而讓我們感覺被困住了呢？讓我們像是活在一個充滿文化衝突的世界裡，那該怎麼辦？這很有可能是因為我們以「安靜文化」的視角看待世界，而職場卻獎勵那些表現出「外向文化」特徵的人。

在第一部分中，我們將探討這些文化差異、所謂的「安靜文化偏見」，以及該如何重新詮釋這些衝突，讓我們能更輕鬆的駕馭職場世界。

第一章

職場上的摩擦

——夾在兩種文化之間

在成長過程中，我最早的記憶之一，就是躺在地毯上，弟弟在我旁邊，爸媽坐在我們身後的沙發上，一起聚精會神的看晚間十點的電視新聞。這種夜間儀式持續了多年，在某種程度上算是一種家庭傳統，因為每一天結束前，我們都會一起看電視。

有一天晚上，媽媽指著電視上的記者說：「潔西卡，等你長大了，你也應該像他們一樣播報新聞。」

「為什麼？」我回答。

「這樣我每天就可以看到妳，確定妳平平安安的。」媽媽帶著一絲微笑回答。

對一個六歲的孩子來說，這句看似天真、輕鬆的評論，在當時並沒有多大意義，但十五年後，我發現自己就在媽媽希望的地方：電視新聞裡。在畢業前幾年，我就像許多年輕的大學生一樣，開始思考這個問題：**我想從事什麼職業？**對世界各地的學生們來說，這個充滿壓力的問題讓他們徹夜難眠、焦慮不安。但對我而言，開始探索新聞這條路的可能性時，我十分確信這是一條正確的道路。關於它的一切都吸引著我——了解不同的產業、站在第一線參與事件、講述讓世界變得更美好的故事。所以，在那個命定的夜晚，媽媽在我心中種下的想法火花，現在已經變成了熊熊燃燒的火焰。這份職業對我來說，就像命中注定一樣。

畢業幾個月後，我在內華達州雷諾市（Reno）找到了第一份工作，成為一名電視新聞記者。這是我所期待的傳奇新聞生涯的開始，然而，儘管得到夢想中的工作讓我無比驕傲，但我知道，真正的挑戰才剛開始。因為我想成為的不只是一名記者，而是**最好的記者**。所以，我把清醒的每個小時都拿來學習、研究和練習。工作時，我認真聆聽老闆要我做的每件事，接受他們給我的每個建議；下班後，我熬夜研讀資料，希望能找到被忽視的隱藏故事。每到週末，我就會讀一些前記者寫的書，了解他們的成功故事。如果我真的需要鼓舞，我會一遍又一遍的觀看我最喜歡的主播的節目，因為我相信，只要我夠努力，有一天我也會像他們一樣——那段時間，我的生活和呼吸全都是新聞。

但是沒過多久，我就發現了一個矛盾，也就是無論我多努力工作，仍然沒有得到更大、更好的機會。我搞不清楚為什麼，在做最基本的專案時，我卻陷入了困境。例如，當一個令人興奮的故事被送進我們的新聞編輯室，我表達出我有興趣，但隨即看到它被交給別人。一開始，我認為這是因為我是新人，但隨著其他新員工加入，我仍然只能拿到無人問津的專案。

那種被輕視、被冷落，甚至被忽視的感覺開始悄悄襲來。我想著，如果我做了我應該做的每一件事，包括投入時間與聽從所有指導，那為什麼我會被忽視？我的期待和實際情況，這兩者之間的平衡被打破了，而我必須找出原因。

二〇一〇年，在第一份工作開始的幾個月後，這個矛盾達到了高峰。有一天，編輯部接到通知，兩週後美國空軍雷鳥飛行表演隊（Thunderbirds）將來到我們城市舉辦航空展，作為公關宣傳活動的一環，他們會讓一名記者搭乘他們的戰鬥機，和他們一起飛行。

想到有機會乘坐一架只有軍人才能乘坐的戰鬥機，令我興奮不已，我舉起手對主管說，我很樂意做這篇報導。

「好，知道了。」他說。會議結束時我面帶微笑，心裡暗自高興自己有勇氣表達想法。

接下來整整兩個星期，我滿腦子都在想著如何組織這篇報導，這將是一個多麼難得的機會啊。

在航空展當天，記者和製作人陸續進入會議室，開始我們的每日編輯會議。我坐在座位上，等待主管宣佈誰會負責這場航空展的報導。

「至於誰將負責這則新聞——貝拉將和他們一起搭乘飛機。」

我立刻轉頭看向我的主管，感覺心臟都沉到胃裡了，我敢肯定臉上的表情一定藏不住失望。但主管連看都沒看我一眼，繼續著當天的議程，就好像我完全是隱形人一樣。「我的」報導被交給別人的感覺，非常痛苦。

會議結束後，雖然感覺非常不舒服，但我還是鼓起勇氣問主管，為什麼把這則新聞分配給了別人。

「我只是好奇，」我盡量用不那麼失望的語氣問他：「為什麼是貝拉報導這則新聞？

我真的很想負責這件事。」

主管抬起頭看著我，一臉困惑。

「噢，對了。」他回答說：「我忘了你說過！貝拉對這件事很感興趣，她整個星期都在談論這件事，所以我一下子就想到她。不好意思，下次吧！」

我知道不會再有下次，但現在也無法挽回了。

在我走回辦公桌的途中，一直在反覆思考他的話：「一下子就想到她」、「整個星期都在談論這件事」。

在航空展開始前兩週，我曾想過再次提醒他我有興趣。但因為我不想干涉或打擾他，所以最後還是作罷了。況且，我也不知道該怎麼讓自己「被想起」，又不會顯得太過積極或咄咄逼人。而這就是摩擦的源頭：因為我不知道該怎麼做，也不知道怎麼開口，所以我什麼也沒做。

就在那一天，在我走回辦公桌的途中，反覆思考著主管的話時，我知道有些事情必須改變。所以我拾起記者本分，開始調查。我問了自己一連串問題，例如：為什麼我認為要求一次就夠了？為什麼我覺得他會記得？為什麼我默認追問會給他帶來不便？我越仔細想，就越意識到——是誰讓我嘗試被人注意、記住和認可的努力毫無用處？**是我自己**。不僅如此，我還創造了一段敘事，總是預設別人會覺得我煩、太積極，甚至會拒絕我。我不是沒想過：「頂多就是被拒絕嘛，有什麼好怕的？」但對我來說，腦海浮現的都是可能會踩到的地雷、潛在的後果和風險。

但不只這樣，我在會議中越來越常壓抑想說的話。腦海裡充斥著各種負面的想法，使我懷疑自己的想法和專業。剛開始，我把這些感覺歸因於個性。也許是因為我比較內向、害羞、膽小，因此難以表達。然而，我越往內看，就越發現這不只是個人問題。例如，當我和家人朋友在一起時，我並不覺得自己說話小聲或焦慮不安，但當我處在一個專業的環境中，就突然變得焦慮起來。

在內心深處，我知道有更大的力量在發揮作用，使我保持沉默、淡化自己的想法、質疑自己的能力，並默許這一切發生。久而久之，我才發現，這些行為模式源自我成長過程中所熟悉的「安靜文化」，但職場卻期望我展現完全不同的樣子。

安靜文化 vs. 外向文化

在我多年協助職場人士提升溝通自信的過程中，我發現確實有一群人，傾向以「安靜」的方式思考和行動。例如，在會議中多傾聽而少發言；聽從指示，鮮少參與討論；會為他人發聲，卻很少為自己爭取；常常淡化自己的存在與貢獻，個性也比較不愛冒險，因此傾向於待在他們熟悉的範圍內。我們這些來自安靜文化的人，在工作中經常被視為「安靜者」。

另一方面，那些來自外向文化的人，則更喜歡說話而非沉默。他們被教導要參與討論，並將規則、流程與制度視為可以商量與詮釋的。他們不認為對抗是不尊重的，反而是一種展示他們思考過程的方式。那些表現外向的人也不會羞於談論自己的工作、影響力和達到的成就。在西方世界，企業傾向於獎勵那些表現出外向行為的人[1]，因為整個工作文化強調個人主義、自我主導和自主性。

但這一切是怎麼形成的呢？為什麼西方公司——甚至許多全球企業，現在會如此重視外向文化的特質？我們可以從幾千年前的西方社會形成開始說起。

西方民主的哲學基礎根植於古希臘的意識形態，從亞里斯多德（Aristotle）到柏拉圖（Plato），哲學家們都在談論個人主義──一個人能夠開拓自己的道路、說出自己的想法、創造自己未來的能力。事實上，表達自己想法、公開討論和挑戰他人的能力，不只是被允許，更是值得嘉許。心理學家理查·尼茲彼（Richard E. Nisbett）在他的書《思維的疆域》（*The Geography of Thought*）中寫道：「希臘人的能動性激發了一種辯論的傳統……一個平民甚至可以挑戰國王，不但不會因此送命，還有可能說服群眾站到他這邊。」放到職場上來看，體現在一個年輕員工能迅速在公司中升遷，因為他不僅能力強，還敢於挑戰現狀、主動爭取機會、承接別人不想做的專案。他們敢於發聲、敢於表現，不但不會因此被打壓，反而獲得讚賞與肯定。

事實上，這些特質在現今的西方企業文化中隨處可見。「讓自己被看見」的重要性，我們可以在一些最著名的企業價值聲明中找到。例如，亞馬遜（Amazon）的核心領導原則之一是「放眼大局」（Think Big）[2]，鼓勵員工提出大膽願景、激發成果。他們希望員工有「堅持的勇氣」，並敢於「公開表達不同意見和承諾行動」。薪資軟體公司 Gusto 將「先辯論，再承諾」（Debate then commit）[3]列為五大價值之一。金融科技公司伊諾瓦（Enova）在其企業文化頁面上引用了一位工程主管的話，提及公司的創新能力源於座右銘「大膽行動，快速前進」[4]。二〇〇九年，Google有一項研究指出當今世界偉大領導者的特質不是技術專長，而是「交談、提問，和幫助他人解決問題的能力」[5]。在美國文化中，我們可以看到公司不斷鼓勵團隊搶快上市，以取得所謂的「先行者優勢」[6]，也就是搶先進入市場，以贏得競爭優勢。雖然有研究指出，成為第一並不像人們想像中的那麼有利，但大家仍然會努力推動他們的團隊創新，而市場也總是用獎勵和榮譽，來獎賞那些最具革命性創新精神的團隊。換句話說，如果我們想在西方職場出人頭地，就得展現出這些公司期待的樣子：有自信、善於溝通、敢於表現。

但是，對我來說，在一個專業的環境中，在職場上展現自信、直言不諱，並不是一件容易的事情。在我成長的環境中，強調的是「保持低調，盡量隱形」，這是一種生存之道。我的父母從臺灣移民到美國時，幾乎一無所有。他們之所以移民，是因為希望能有個新的開始，而唯一的保障就是「也許」能為自己與家人創造更好的未來。

所以，從第一天起，他們就快速、安靜、勤奮的工作。他們所做的每一件事和所有決定，都體現了「穩定勝過冒險、儲蓄勝過放縱、安全勝過不確定性」等價值觀。這也是他們對孩子的期望。我和弟弟的成長過程中，他們教導我們要活出一樣的心態和信念，並強調這才是成功所需的特質。

不管安靜文化價值觀是來自我們出生的社區、種族背景，還是父母的氣質，許多人在踏入職場的那一刻起，才第一次明顯感受到「安靜文化」和「外向文化」的差異。這就是研究人員所說的「組織社會化」[7]，指的是我們開始學習職場中新的行為規範與期待的過程。

從新人訓練、被分配職場導師，到觀察會議中同事的言行舉止，我們會慢慢內化這些明說或沒說出口的潛規則。很快的，我們就會發現，某些職場上被視為理所當然的行為，與我們的天性背道而馳。

為了進一步說明這些差異，我將它們歸納成職場中最顯而易見的四個面向，我稱之為「職場文化二元性」。

職場文化二元性

從整體來看，你可以看出在「與他人互動、運用時間、展現成就和處理衝突」這四大面向中，安靜文化和外向文化行為之間存在著巨大的差異（見左頁表格）。

讓我們更詳細的看看每一項，先從「與他人互動」開始，也就是**人們在工作中的溝通方式**。對於我們這些安靜文化者來說，天生的交流模式是「多傾聽、少說話」。從小到大，我們被教導要傾聽別人的話，並按照別人說的去做。此外，如果我們真要說點什麼，就應該等到最後，或者謹慎的說，這樣才不會引起別人的注意。如果有事情需要澄清，則應該舉手來表示我們有興趣，並用提問來包裝，這樣就不會冒犯到他人。

另一方面，那些外向文化者在溝通時表現出一定程度的流暢和輕鬆。他們在發言時流露出自信，比起保持沉默，他們更傾向在會議上分享自己的想法並加入觀點。他們也不覺得自己必須同意主管說的每件事，反而認為權威只是一個嚮導、一個可以被動搖的人。他們從不迴避討論、辯論，甚至直接挑戰他人。

事實上，西方職場非常看重那些敢直言不諱的人，他們認為這種人更有領導才能。一

	安靜文化	外向文化
與人互動方式： 你如何溝通	傾聽大於說話	透過討論和挑戰來參與對話
運用時間方式： 你偏好如何工作	保持低調並努力工作	花時間建立連結
展現成就方式： 你如何慶祝成功	保持謙遜，不張揚	確保其他人注意到我們的成就
處理衝突方式： 你如何應對棘手狀況	避免衝突，保持和諧	公開誠實的提出問題

項研究指出，發言內容的品質並不一定是重點——關鍵在於你「說話的量」，研究人員稱之為「胡言亂語假說」（Babble hypothesis）[8]。

下一個二元性是「運用時間」，也就是**我們喜歡的工作方式**。安靜文化者學到的是要安靜的努力工作，按照被告知的去做，認定只要勤奮投入時間，我們的努力就能得到回報。此外，我們重視技術和分析能力，因此總是緊盯著數字和書本，專注在硬實力的累積上，而非把時間花在培養工作中的軟技能，比如建立人際關係和有效的對話。

另一方面，那些來自外向文化的人認為工作不是只有工作本身，而是為了能把他們的影響力發揮到最大。他們把事情做好，但同時也花時間社交、參加活動、閒聊，增加內部和外部的連結。只要能建立人際連結，不管成果能不能立刻轉換成數字或錢，外向文化者認為都值得投資時間。

下一個是「展現成就」的方式，是**我們如何看待和慶祝自己的成就**。我們這些來自安靜文化的人，被告知要保持謙虛，不要自誇。如果在工作中遇到了好事，我們會轉移別人的讚美，淡化自己在其中擔任的角色，並將功勞歸給他人。我們確實會因為得到認可而高興，但要在別人面前談論我們的成就和推銷自己太難了。事實上，當我們有好表現時，我們**相信**別人會注意到它，工作成果自然會說話。

然而，那些外向文化者更樂於公開自己的成就，他們會自豪地用多種方式來談論工作，展現自信的氣質，並設法提升自己在職場中的能見度，因為他們把每個成就都當作一次讓自己站上舞台的機會。

最後是「處理衝突」，指的是**如何應對工作中棘手的情況**。對於安靜文化者來說，創造和維持一個和諧的環境非常重要。我們學到的是要避免衝突，或參與任何可能導致正面衝突的對話。所以，如果出現負面的事情，我們會很快妥協以緩解緊張局勢，即使我們可能不完全同意正在發生的事情。或者我們會試著自己解決狀況，以避免影響他人和破壞局勢。

然而，那些來自外向文化的人，不會迴避與棘手的情況正面對決。雖然可能不舒服，但衝突並不一定是件壞事，而是解決之後，事情就能順利向前發展的機會。

乍看之下，「安靜文化」與「外向文化」好像是二元對立的概念。如果我們在安靜的文化環境中長大，就只能表現出安靜文化的特徵，反之亦然。但事實上，安靜文化和外向文化的行為就像一個天平的兩端。我們可以發現，即使在安靜文化的價值觀下長大，我們也會表現出外向文化的特徵，反之亦然。

我們的行為會受到當下情境影響——包括我們身邊是誰、發生了什麼事，以及我們感到多自在——這些都會左右我們的反應。有時，我們會很自然地在會議中快速發言、直接處理衝突，或是選擇讓自己被看見。有些情況下，我們甚至會覺得「不得不」展現外向文化的特質，因為我們非常在意某個議題。這時，我們會暫時放下平常的安靜傾向，做該做的事，讓事情推進。

例如，想想當你和喜歡的同事在一起時，是不是比較容易分享想法、參與和建立關係？或者，當你發現有人誤解了你的研究成果，你是不是會下意識地立刻跳出來澄清？這就像一個天平，有時我們會被拉向外向文化的行為模式，有時則會回到安靜

文化量表

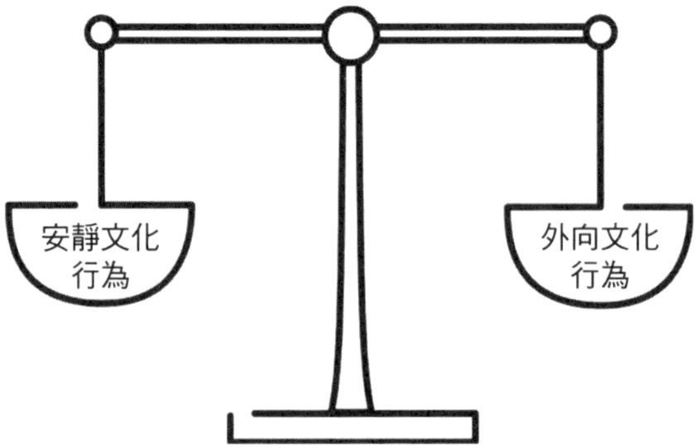

文化的特質。這種變化就像海浪一樣——有時我們退後，有時則會用力向前衝，展現出力量與決心。

天性安靜？

在成長過程中，有很多可以讓我們辨識出自己來自安靜文化的線索。有些人受的教育是要體現傳統的角色和價值觀，也許是因為宗教或性別的期望，也許是因為個人成長的環境。又或者在我們生活的社區，如果以任何外向的方式表達自己，就會被認為「不好」被投以異樣眼光，影響了我們的行為。或許是我們的家庭教育不斷強調這樣做是**禮貌**的，所以我們讓別人先說話、把自己的想法放在第二位。而現在我要講的，就是我們如何體現這些安靜的價值觀。

對瑪姬．瓦格納（Maggie Wagner）來說，她之所以與安靜文化價值觀產生共鳴，是因為她父母的氣質和他們打造的家庭環境。

「我們沒有明確被教育說要討厭吵鬧，但事實大致上就是這樣。」瑪姬說。

她在印第安那州的一個小鎮長大，她說她習慣家裡總是安安靜靜，周圍都是內斂的人。例如，只要有人說話，聲音總是壓得很低；放音樂時，也只會選環境音樂；電視開著時，就像背景音一樣很小聲。她說，家裡會這樣，是因為爸媽希望營造「平靜」的氛圍。

「我媽媽的成長過程相當混亂，一點也不平和，所以我認為她有了孩子後的願望，就是提供盡量安全的地方。」瑪姬說：「我爸爸非常保守和理智，所以這兩人結合在一起，我們自然學會時時尊重和心懷敬意。」

然而，對瑪姬來說，這種安靜的生活和溝通方式，與她現在所處的快節奏世界形成了鮮明的對比。在紐約一家大型出版社工作時，她發現自己需要迅速做出決定、追蹤進度、趕截稿日期，並為自己和自己的想法據理力爭。對瑪姬來說，在她的主管、行銷團隊和經理面前發言、讓自己被看見，對她來說簡直像是天方夜譚。

她說：「在商業環境中有很多衝突，那是我最大的障礙，因為那不是我從小到大學到的東西。我討厭討論任何會讓我陷入脆弱狀態的事情。」

瑪姬說，她開始更深入研究自己習慣的行為，和工作中被大家認可的行為，但她並不是在判斷哪一種比較好，而是學著看清楚，什麼行為適用在哪個情境。所以，為了吸引其他人的注意，她慢慢學會談論自己做得好的事情，特別是當她為此感到驕傲的時候；不需要壓抑自己的成就，而是自在展現聰明與能力，這並不是自私自利。當她懷疑自己的貢獻是否重要時，她也學會相信：自己為團隊帶來的價值，並不比其他人少。

「學著逼自己一把、讓自己成長，就是我現在努力的方向。」瑪姬說。

給聰明人的提醒

過去的成長方式深深影響了我們今天在職場的表現，這是毫無疑問的。根據發展心理學家的說法：「我們學到的東西，是由成長環境的需求決定的。[9]」從小，我們就會內化特定的規則、行為和智慧，這些東西會有意無意地塑造我們的個性與溝通方式、人際互動模式。人類學家稱此為「社會學習」，從我們出生的那一刻就開始了。

在你回想自己為什麼會傾向安靜文化的行為，試著想想：是不是父母教育你的某些價值觀，塑造了你現在的行為？他們經常重複什麼話？有沒有講過什麼故事讓你印象深刻？回顧年幼時期的自己，就更能理解今天的自己。

海倫．格雷森（Helen Grayson）是一名法醫科學家，她在美國一間最繁忙的犯罪實驗室工作。雖然她傾向安靜文化，但在職場上花時間建立人際關係，與包括主管在內的同事們建立連結，對她來說並不是件困難的事情。

她說：「我們經常一起出去吃午餐、喝咖啡，甚至和我主管一起，所以我們的職場關係算不錯。」

然而，對格雷森來說，參加主管職的面試時，那一刻她突然意識到，自己終究無法適應外向文化。即使是坐在她熟悉、感到自在的主管面前，格雷森覺得自己很難清晰且有意識的表達自己的成就。

她說：「對我來說，要這麼明確、直接的談論我的能力讓我覺得很彆扭、不自然，感覺像在自吹自擂一樣。」

格雷森說，於是她不自覺地回到了安靜文化的習慣模式，把自己的成就淡化，很少談論自己的技術能力。她甚至沒有提到自己想要這份工作的主要原因——她對領導眾人的抱負。她認為自己每天在實驗室裡耗費的時間和產出的成果，足以證明她的能力。

「我以為她了解我、了解我的工作，這才是最重要的。但是，我並沒有得到那份工作，因為她希望我以更有自信的方式談論我的技能和能力。我也沒有提到這些年我達成的許多成就。」格雷森說：「這是我落選後，所得到的回饋。」

格雷森的經歷，對許多在外向文化職場中奮鬥的安靜文化專業人士來說，並不陌生。我們可能和對方很熟悉、很有默契，但一旦換成正式的場合或處在高壓的情境裡，我們就會覺得好像得用完全不同的方式表現自己。

我們變得語塞、低估自己的專業能力，明明清楚自己很有能力，卻不知道該怎麼說出來。或者，更具體一點的說，是因為那一刻我們感覺掌控權不在自己手上，不知道自己的聲音該放在哪裡。於是為了保守起見，我們選擇沉默。

要克服這樣的困境，重新掌握主導權的第一步是察覺到安靜文化的價值觀可能會讓我們噤聲，同時退居二線。為了讓我們以原本的樣子被他人注意到，就必須學會在各種環境中、在所有人面前，該怎麼「現身」、該怎麼發聲。我們如何重新定義「自己出現的方式」，將是讓提高職場能見度的關鍵，而這並不需要背離我們的本性。

安靜文化的力量

值得一提的是，擁有安靜文化價值觀的人，他們的力量不可低估。善於傾聽、高度專注、保持謙虛，同時避免衝突，正是平衡外向文化職場的必要屬性。

因為當我們知道怎麼關掉噪音，專注在事情上，就能真正推動進展；懂得保持謙虛，就能接納更多元的觀點；有能力避免衝突，就能找到更溫和卻有效的解決之道，減少不必要的混亂。當每個人都在爭相發言時，我們反而能讀懂空氣、察覺那些沒說出口的潛台詞。這一切都是安靜文化者的強大優勢，不只是對職場，對整個社會都是如此。如果沒有安靜文化的專業人士，這個世界可能早就被各種吵雜混亂的聲音淹沒，什麼事都做不成。

所以關鍵不是要壓抑這些對我們來說很自然的行為，而是要**擴大**我們的表現方式。事實上，安靜文化者的處世方式、信念、本性，同樣是這個世界所需要，也值得被重視的。

那些表現出安靜文化特質的人（尤其是在外向文化主導的職場中），還有一個強大之處——他們每天都在展現自己的勇氣和韌性。對安靜文化的專業人士來說，身處一個行為模式與自己價值觀大不相同的環境中，可能會讓人感到恐懼、緊張和壓力。夾在這兩種文化的緊張關係中，也會令人沮喪，有時甚至會感到困惑。我們在**「我所相信的價值」**與**「外界期待的行為」**這兩種意識形態中被拉扯，感到心理壓力倍增——更別提日常工作本身就已經夠挑戰了。但儘管如此，我們還是會出現在辦公室座位上，並全力以赴。這麼做不是因為誰逼我們，而是因為我們知道，這會讓我們成為更強大的人。

最重要的是，在安靜文化價值觀中成長的人，擁有的力量不只是韌性或是對職場細節的敏感度，還有我們的視角。在我看來，能同時理解這兩個世界，本身就是一種超能力。透過比較安靜文化和外向文化之間的差異，我們可以看出這兩者的價值。我們可以在兩者之間切換，並且找出更多參與和完成任務的方法，沒有任何一種方法是絕對正確的。所以，我們的力量在於——我們同時接受和尊重這兩種文化，因為它們豐富了我們。重點不在於哪個比較好，而是要根據不同情境，用更有彈性、更從容的方式應對這個世界。

下一步呢？

對安靜文化者而言，所謂職場上的成功不是大聲喧嘩，而是要在安靜文化的成長背景與外向文化的職場環境之間找到平衡點，讓自己因為正確的理由被看見。

重點在於找到一種適合我們，不違背自己本質，卻又能與他人連結的溝通方式。當我們處在高壓情境中，就該學會策略性思考——而不是陷入內心的糾結，不知道該不該表現自己。

因此，與其反覆思考：「我該不該多說一點？該不該表現自己？」更有建設性的問題是：「我應該如何重新詮釋這四種文化二元性，讓它們成為我的助力？」

POINT

本章重點

- 當工作要求我們具備外向文化的特質，但我們卻表現出安靜文化的行為時，就會產生摩擦。
- 在安靜文化中成長的人比較傾向傾聽而不是發言。他們更喜歡埋頭苦幹，對自己的成就保持謙虛，也不喜歡製造衝突。
- 在外向文化中成長的人比較喜歡說話和討論。他們比較願意建立連結，確保別人有注意到他們的工作，也不會迴避衝突。
- 職場中會遇到的四種摩擦，被稱為「職場的文化二元性」：我們如何與他人互動，如何分配工作時間，如何慶祝自己的成就，以及如何處理衝突。
- 我們在文化光譜上的位置，會因為情境、在場的人，以及我們的舒適程度而改變。
- 安靜文化專業人士的力量，來自我們每天展現的勇氣和韌性。

第二章

四種換框思考

——尋找文化平衡

當初我媽和家人從臺灣移民到美國，他們所做的第一件事，就是在加州紐華克（Newark）開了一間中餐館。我爸幫忙設計這家餐廳，並取名為「桃園」（Peach Garden）。在中華文化中，桃子象徵著長壽，在他心中，這個名字代表著好兆頭，希望餐廳的未來、家庭與後代都能興旺長久。但實際上，開餐廳是為了生存，這家餐廳可以確保我們家的成員——我的叔叔阿姨們，每個人都有工作。這是一種提供收入和工作保障，並保持家庭關係親密的可靠方式。

隨著餐廳開業，我的叔叔阿姨開始

分工合作。叔叔們負責在廚房裡烹飪符合美國顧客口味的中華料理，比如乾炒牛河、牛肉花椰菜和酸辣湯。同時，阿姨們——至少是那些能說一口流利英語的阿姨們，則在餐廳的櫃臺工作、接電話、為客人點餐等。每個人都很自然的投入到自己的角色和責任中，因為大家都知道自己該做什麼，包括如何行動、何時說話，以及該聽誰的話。這些如何表現、溝通和參與的潛規則，體現了大家對安靜文化價值觀的共同理解。

然而，現在的工作市場上，大部分人並不是處在「大家庭」的環境中。今天我們身處的是一個充滿競爭和追求市場佔有率的環境，每天都要面對反反覆覆和苛刻的要求。我們習慣的安靜文化的處世之道，現在可能顯得格格不入，因為大家期待的是外向文化的行為模式。但重點不在於去判斷哪一個比較好，而是學習如何定位自己，並以自己想要的方式被人注意到。如果我們從小在安靜文化中長大，到了外向文化主導的職場還堅守這套模式，那我們很可能會變得「透明」；反之，如果我們一味模仿外向文化的特徵，行為就會變得不自然、不像自己。

所以，從這裡開始，我們要進入重點了。在接下來的章節中，我們將討論職場中的四種文化二元性、它們所帶來的摩擦，以及我們可以怎麼運用「換框思考」，把這些矛盾轉化為自己的優勢，找回平衡。

與他人互動：我們如何溝通

換框思考：根據聽眾關心的重點，來調整你的訊息。

鍾潔米（Jamie Chung）無法擺脫困惑和沮喪的感覺。雖然她很努力工作，盡力和主管打好關係，但每次見面時，兩人之間的溝通總是卡卡的。

「唉，我們處得不好。」潔米說。她現在是電動車製造商 Rivian 的企業法律顧問。這是她從法學院畢業後的第一份工作，但不太順利，她很難跟主管建立良好的互動，卻不知道問題出在哪。

身為一名年輕的律師，潔米做了主管要求她做的所有工作。她努力準備法庭簡報、起草備忘錄、整理詳細的筆記給主管。但她還是覺得自己沒有得到賞識，甚至沒有得到她期待的認可。許多在安靜文化中長大的人，可能會經歷類似的溝通摩擦。我們努力工作、遵循指示，也按時完成任務，但當我們開始談論工作時，又覺得自己的努力並沒有被人真正看見。

其中一個原因來自於我們表達的方式。例如，我們認為必須分享所有的數據和事實，才能證明自己很專業，但其他人想要的可能只是兩、三個重點，好讓他們可以快速做出決策。或者，我們認為自己是該領域的專家，只要講出我們知道的，對方自然會理解——但事實往往相反，他們更想要知道的是：「這件事跟我有什麼關係？」

因此，與其被動地聽從指令、壓抑自己的想法，或是一股腦倒出所有資訊，更好的溝通方式是：想清楚我們在對誰說話、對方在意什麼，再調整我們要說的內容。所以，關於與他人互動時的換框思考是：**從對方的角度思考他們關心什麼，調整你的訊息內容來對應他們的需求。**

不是把你知道的所有東西全說出來，而是思考你要表達什麼，再用對方容易接受的方式傳達。這種全新框架很強大，它能幫助你更主動的溝通，去思考如何有邏輯的組織要講的內容，讓表達更具有影響力。它也逼著你走出自己的大腦，不再只是安靜等待別人理解，而是主動想方設法抓住對方的注意力。因此在下次開會之前先考慮這些問題：

- 誰會出席這場會議？
- 他們關心什麼？
- 我該怎麼把我的重點連結到他們的關注點？

舉個例子：假設你要向團隊做一場簡報，內容是關於你正在進行的專案。這場會議的目的是讓大家理解這個專案對他們的影響、帶來哪些好處，以及怎麼讓他們的工作變得更輕鬆——這些都是你知道他們在意的重點。

但是，如果簡報的對象換成高層主管，就不能以完全相同的方式和觀點去報告，你應該問問自己：「這些高層主管在意的是什麼？我如何將我的觀點切中他們的關注點？」答案可能會圍繞著資源分配、完成專案所需的時間和投資報酬率等——那些領導層會優先考慮的因素。

在溝通世界中，這被稱為「溝通調適理論」（Communication Accommodation Theory），它是區分「單純的說話」和「有效溝通」的關鍵。這個理論指出，當我們把聽眾放在心上，並根據對方的需求來調整我們的話語時，就能增進相互理解[10]，讓互動變得更好。再舉另一個根據聽眾關心的內容來客製訊息的例子：如果某個人偏好直接、簡潔的資訊，那麼加入太多背景或額外說明，反而會稀釋訊息的重點。相反的，如果有人偏好完整的上下文、資料來源和解釋，而我們只提供高度概括的重點，他們可能會覺得資訊量不足，不夠清楚。

研究顯示，人們對他人的評價往往更受溝通風格影響，而非掌控局勢的能力[11]。這進一步凸顯了溝通時思考聽眾是誰，並調整說話方式的重要性。例如，曾有一項研究調查學生對老師的看法，他們發現符合學生偏好表達方式的老師，會被認為教學品質比較高，因為他們對老師的說話方式更有正面印象[12]。

說到這裡，你可能會想，「如果我還沒有把想法整理得很好呢？是不是應該保持沉默，把想法藏在心裡呢？」對於我們這些在安靜文化中長大的人來說，默認沉默是最簡單的，因為我們認為在發言之前，應該先充分研究和消化想法。然而，我想提醒的是，如果我們不同意別人和他們的想法，就不應該點頭附和，因為當我們這麼做時，就等於沒有真正參與對話，而是在壓抑自己、迎合他人。

相反的，我們應該相信，即使我們的想法還沒完全成熟，或重點還沒有完全整理好，也可以先提出一些初步的觀點——因為光是讓自己的聲音被聽見，在獲得能見度的競賽中，就等於贏在起跑點。

當然，這也牽涉到職場中的「心理安全感」——如果沒有安全感，要開口表達確實不容易。但有一點很值得我們思考：如果我們對自己和自己的觀點有信心，並且深信這些想法能夠造福他人，這種信念本身就可能成為我們願意開口、參與對話的起點。因此，真正的問題不在於「我是否應該主動發言」，而是「我該怎麼說，對方才會有共鳴」。我將在本書第三部分中分享更多的溝通策略，但在此之前，先多多分享自己的想法，並根據聽眾關心的內容進行調整，就可以讓我們以正確的方式被他人注意到。

回到潔米的故事，以及她與主管之間的溝通摩擦。潔米知道這個問題需要解決，所以她找了一個合適的時機向主管提出這件事。主管的回應讓她看清了問題的根源，癥結點在於他們的溝通方式完全不同。潔米說，在談論自己的工作時，她比較喜歡收集大量的資訊，並透過添加背景和細節，描繪出一幅生動的畫面。但主管想要的是將這些資訊提煉並濃縮為幾個簡單的要點。

她主管是這樣說的：「你是個『多重輸出與輸入』的人，而我是『單一輸出與輸入』的人。」這句話讓潔米然大悟。當她開始理解對方的溝通風格，並主動調整自己的表達方式時，整體的互動變得順暢多了。

「突然間，我那善於分析的大腦意識到：『噢，原來不是我不夠好，我只需要改變說話的方式，以及寫作的方式就可以了。』這完全改變了我們的關係。」

無論你是堅信安靜文化的溝通方式，還是在講話時更傾向於中間路線，請記住，一位真正有效的溝通者，既非安靜也非外向的人，而是一個**能夠考慮聽眾，為他們量身定制訊息，並有意識地傳達自己想法**的人。

而這也就帶出了第二點：我們如何運用時間。

運用時間：我們偏好如何工作

換框思考：充分發揮每一個機會。

新的一週正要開始。在內華達州雷諾市的ＮＢＣ新聞四臺，記者和製作人們陸陸續續進入我們的早晨編輯會議，準備開始新的一天。我走到第一個空位，坐下來，拿出手機。還有五分鐘會議才開始，我用 Google 搜索「今日頭條」，開始瀏覽當天的新聞。然而，在我周圍可以聽到同事們聊天和開玩笑的聲音。

「馬特，你週末過得怎麼樣？」嘉莉從會議室另一頭喊道。

「嘿，凱倫，我去了你推薦的那間餐廳。」另一個人說。

整整五分鐘，會議室裡熙熙攘攘、充滿活力——這是典型的外向文化職場環境。但我坐在那裡，眼睛緊盯著手機，靜靜的工作。沒人跟我互動，我也沒跟他們互動。身為一個在安靜文化中長大的人，我在做的是我再習慣不過的事情：把每一分每一秒都花在工作上，以證明我是一個努力工作的人。

但我總感覺有些不對勁。

對於我們這些在安靜文化中長大的人來說，遵守紀律、投入時間和努力工作等價值觀，會讓我們產生深刻的共鳴。我記得父母灌輸我培養強烈職業道德的重要性。他們不斷強調自己有多努力工作、投入了大量時間、經常加班，同時犧牲自己的快樂，就是為了完成公司交代的工作。所以他們也要求我們要遵循同樣的原則：不要浪費時間、聽從指示、永遠努力工作。在童年時期，這體現在無數的課外活動上，比如課後輔導、週末補習、數學家教，以及許許多多的才藝班。即使我們疲於奔命一個又一個活動，但我們相信，只要遵循「努力工作」這條道路，就一定能得到回報。

時間快轉到成年人和職場的世界，事實漸漸變得明顯：光靠不斷努力工作，並不總是通往成功的唯一方法，也不一定會被看見或獲得獎勵。相反的，真正有價值的是把時間花在建立融洽關係和加強關係上。這同時也是關於我們如何建立內部與外部的知名度和影響力。這些軟技能和與人互動的能力，雖然不一定會產生立即且明確的成果，但往往可以帶來更多機會、推薦，並最終促成合作。

例如，現在全國各地的顧問流傳著一個求職建議：除了滿足工作所需的學歷資格和專業技能外，還要能通過「機場測試」（airport test）：「如果和某人被困在機場，我們是否願意和他在機場待上一段時間？」如果答案是不，那此人可能不適合這份工作或這個團隊。[13] 儘管標準很主觀，但它強調了一個潛規則：在外向文化的職場中，會不會與人相處其實很關鍵。

在那個重要的星期一編輯會議上，我意識到把所有時間拿來「埋頭苦幹」，利大於弊。雖然我確實表現出自己是一個努力且認真對待這份工作的人，但我也成了背景、變得隱形，因為人們並不了解我。就在那一刻，我知道我必須重新思考我的工作表現和運用時間的方式了。

因此，針對運用時間要進行的換框思考是：**充分發揮每一個機會**。乍看之下，這句話可能讓人以為是鼓勵你要表現得很主動、很外放，但其實真正的意思是：你要更宏觀的去思考怎麼分配你的時間與精力，並確保你善加利用被分配的每個任務。

我經常回想經營家庭餐廳的比喻：一間餐廳的菜色，只是整體用餐體驗的一部分。如果餐廳想獲得更高的評分，就不能只考慮菜色好不好吃，還必須考慮與顧客的每一個「接觸點」（Touch points），比如食物的擺盤、服務人員的禮儀，甚至他們與顧客互動的方式。

同樣的，我們可以最大限度的把握工作中的每一個機會，主動尋找與團隊互動的時刻，讓他們看到我們的貢獻和影響力，而不只在幕後默默工作。例如，如果我們的工作是建立預測、編列預算和決策的財務模型，如何讓其他人知道我們正在做的事？不必是冗長的交流，可以是一個簡單的ＦＹＩ（供參考）。或者，當你發現什麼有趣的數據、讓你眼睛一亮的結果，也可以分享給團隊，作為與其他人分享的契機。這種做法既不是硬刷存在感，也不虛偽，而是一種主動參與的表現。

這種換框思考的另一個強大之處，在於當我們被分配到不想做的工作，或「浪費時間」的工作時，與其抱怨或敷衍，我們可以採取主動心態，思考如何在執行任務的同時，展現出自己最好的樣子。

關於如何將手上的工作轉化為增加曝光的機會，這裡再舉一個例子。假設你被分派到的任務是整理一個 Excel 表格，使人更容易閱讀。你知道這要花上好幾個小時，而且也不是你特別喜歡做的工作，但若你能以「把握每一個機會」的心態重新看待這份任務，你可以順便記錄整理過程，做個簡短的教學影片，讓其他人也能學會怎麼用這份表格，甚至可以拿這支影片和其他部門交流，讓它變成一個話題、一個新的合作機會。關鍵在於要將每一項工作——無論是大專案還是小任務——都視為擴大你的職場能見度和影響力的跳板，如此一來，就能把你的時間變成「有價值的時間」。

此外，透過創造更多接觸點，我們可以增強心理學家所說的「月暈效應」（Halo effect）[14]，意思是人們對我們在某一領域的看法，會受他們對我們在另一個領域中表現的印象所影響。例如，當我們在某個領域表現良好所留下的正面印象，會為我們在未來的其他工作專案加分，有效強化了我們的正面影響力。事實是：**當人們了解和喜歡我們時，如果出現其他機會，他們會更願意為我們引薦**。這也是充分發揮每個機會的好方法。

現在來聊聊第三點：我們如何慶祝自己的成就。

展現成就：我們如何慶祝勝利

換框思考：分享你的工作如何造福更多人。

在雷諾的NBC電視臺工作了幾個月後，我收到了一條讓我十分在意的線報。我聽說一個被定罪的性犯罪者住在一家養老院，他還性侵了那裡的另一位長者。更糟糕的是，這已經不是這個人第一次傷害機構裡的其他居民了。

「這種事怎麼會發生不只一次呢？發生第一次後，有採取什麼預防措施嗎？如果有的話，怎麼會再次發生呢？」這些問題浮現在我腦海中時，憤怒也湧了上來。我極度渴望能報導這件事情，我知道如果做得好，它可能會帶來改變，進而保護全州其他養老院的弱勢居民。於是，我展開了調查工作。

接下來的幾個星期，我與受害者家屬做了面對面和電話採訪，並把這好幾小時的內容記錄下來。此外，我多次聯絡安養機構，也聯絡了性犯罪者的家人，想聽聽他們的說法。我打電話給議員和律師，花了好幾小時在縣政府的檔案辦公室搜集和確認關鍵資訊。我甚至花了很多時間在網路上瘋狂搜索，只為了收集能讓報導更有說服力的細節。我同時還要做原本的工作，但我並不介意，因為我決心尋找真相，讓大家看見發生的事情。

在這段期間內，我曾向主管提過我正在做這個報導。他很激動，因為我們是唯一一間深入調查此事的新聞臺。一開始，每隔幾天，他就會問事情進展如何，但我沒有透露太多資訊，因為我覺得這篇報導還沒有準備好。我會簡單的說：「正在進行中。」並淡化我所投入的時間。

然而當我接近調查的尾聲時，我終於發現了這篇報導的亮點。根據內華達州的法律，除非此人是第三級（最嚴重的性犯罪者），否則養老院不需要告知院內民眾，誰是登記在案的性犯罪者。在這個案子中，嫌疑人只是二級，而這就是受害者家屬一直在尋找的答案。他們現在可以利用這個關鍵資訊來遊說修法，並要求全州的養老院都必須知曉並揭露這類資訊給住民和他們的家人。整理完所有資料和調查後，我向主管展示最終的成果，他大力表示肯定。

「嘿，這則報導寫得很好！」我主管說。

我露出微笑，但本能的立即淡化了我的努力：「謝謝，這沒什麼大不了的。」

就在我回到辦公桌前，腦中開始出現一段對話。為什麼我的回答是「沒什麼大不了的」？它明明確實是件很了不起的事。為什麼我在付出了很多努力之後，卻貶低了自己的成就？我全心投入研究這篇報導，犧牲了我的休閒時間，確保沒有錯過任何一個細節。我為什麼要淡化自己的努力？事實上，這正是爭取更多大型專題的好時機，因為我已經證明自己願意超越自我、不斷進步。但是因為我無法展示我的成就，主管也看不到我能做得更多。

雖然這種感覺令人沮喪，但在內心深處，我清楚知道自己為什麼會這樣。因為我是在安靜文化的價值觀中長大的，所以我並不習慣公開談論我的工作表現。長輩總是告訴我要保持謙虛、不要自誇，把成就留給自己就好。事實上，從來沒有人教過我，**如何自然地接**

受別人的稱讚。我反而一直被教導要否認讚美，因為這樣才謙虛。但現在，在一個外向文化的職場裡，因為我貶低了自己的成就，也同時讓自己消音。

對於在安靜文化中長大的許多人來說，不只對讚美感到尷尬，也比較喜歡「讓成果說話」，而不是刻意讓人注意到它。我們總認為（或希望）只要做得好，不必主動展示，大家自然會看到。我們也羞於說得太多，因為不想讓別人覺得我們在炫耀。更糟的是，我們低估了自己的努力，認為自己的成就只是運氣好。

我們看待成就的方式，可以說是最難重塑的價值觀之一，因為那反映出我們對自己的真實感受。如果我們認為自己不配得到勝利或表揚，就不會談論它；如果我們覺得工作成果不夠好，就會只注意到沒做好的地方，看不到自己做得好的地方。要鼓勵重視謙遜的人自我推銷，真的非常困難。當然，我們並不想貶低謙遜的重要性，畢竟謙遜可以改善人際關係、增加信任度，同時增強團隊凝聚力[15]。但是，經常貶低自己的貢獻，會讓我們的成就被消音，也低估自己具有的潛力。因此，重新定義自己展現成就的方式很重要，這樣我們才能得到應有的認可。

因此，關於展現成就的換框思考是：**分享我們的工作如何造福更多人。**這代表我們要具體展示自己的工作如何幫助其他人、團隊，甚至整個企業。這種分享可以很簡短，包括一對一說明或透過電子郵件傳達，但關鍵在於，我們要讓別人看到自己的工作所帶來的正面影響。這裡所謂的「正面影響」，可以是簡化流程、釐清方向、整合資訊或推進某個計畫。

事實上，研究發現，當一個人用更宏觀的利益來描述自己的成就時，會讓其他人產生一種道德提升的狀態[16]。例如，當我們看到有人做了一些公益之事，自己也會更有動力去幫助別人。換句話說，強調我們努力成果的價值，可以促進正向的組織成果和合作[17]。此外，分享我們的工作如何為更大的利益做出貢獻，也可以創造一種凝聚力和和諧感，證明我們是共同團隊的一員——這才叫真正的雙贏局面。所以請記住，**謙虛並不是貶低自己的成就，而是從「我們如何幫助別人」的角度來看待自己。**

接下來，讓我們談談如何處理衝突。

處理衝突：我們如何應對棘手情境

換框思考：聚焦於局勢的動態變化，而非個人輸贏。

在舊金山灣區（The Bay Area）一個涼爽的日子，但鄭雪麗（Cheryl Cheng）卻感到焦躁不安。雪麗是位於加州帕羅奧圖（Palo Alto）的 Vive Collective 公司創始人兼執行長，這是一間負責建立、投資和擴展新一代數位健康公司。但在她職業生涯的早期，任職於一家大型消費品品牌時，有過不得不終止一個失敗專案的經驗。

「那是我做過的最艱難的決定，因為表現太差，不得不停掉一個專案。」雪麗說。她一直在努力思考，如何將這個棘手的消息傳達給公司的高層領導人，為此煩惱了好幾個星期。這個壞消息無疑會打亂團隊的計畫，也會引起很多憤怒和混亂。此外，她若是表達得不好，甚至可能讓人覺得是她搞砸了，進而損害她的信譽。她必須小心翼翼，不能貿然惹禍上身。

對於我們這些在安靜文化中長大的人來說，一旦事情不如預期，我們可能會進入「戰鬥」或「逃跑」的模式，而我們的本能反應是逃跑，因為我們討厭衝突也討厭緊張氣氛、尷尬的沉默，討厭感覺自己有麻煩了，討厭自己讓別人感覺有麻煩了。所以我們避免對抗、妥協，甚至躲起來。有時候，我們乾脆低著頭不看，希望問題會自己解決。但現實是，這對處理棘手情況沒有幫助，尤其是當我們的職業聲譽受到威脅時，更是如此。

在外向文化環境工作時，同事們可能會將我們企圖迴避艱難對話的行為，解讀為逃避或不把話說清楚，面對衝突，他們習慣用「公開說明」和「把問題攤開來講」的方式。他們想要直接而清晰的對話，雖然他們也未必舒服，但他們知道這是達到目的的必要手段。

因此，處理衝突的換框思考是：**聚焦於局勢的動態變化**，意思是認知到衝突不會無緣無故發生，它往往牽涉到很多人與因素。我們必須轉向關注「整體脈絡」，這種方法被稱為「轉換式調解」（transformative mediation）[18]，指的是專注於理解參與其中的人員、釐清情況本身，以及如何將損害降到最低。換句話說，我們需要改變心態，從「逃跑和躲藏」轉變為「考量人、觀點和情境」的全面思維，因為職場是各種人與想法交織的場所，很多問題其實是可以透過合作來解決的。

為了真正落實這個換框思考，當事情不如預期時，我們可以問自己幾個問題，幫助我們釐清局勢的來龍去脈，包括我們環境中的人、事、時、地。問題如下：

- 誰需要知道這些事情，以免他們受到驚嚇？（人）
- 我們該怎麼說，才能確保每個人都有被納入溝通過程，而不是被蒙在鼓裡？（事）
- 什麼時候最合適說這件事，才能讓人更容易接受？（時）
- 對話應該在哪裡進行？（地）

回答這些問題，能幫助我們誠實、清晰的處理不舒服的情況。這種換框思考的美妙之處在於：它既不安靜，也不外向，而是微妙又充滿力量。

對於雪麗來說，終止這個大型專案並不容易，因為團隊已經投入了大量的時間和金錢。但有一件事很清楚：她不能為了維持表面和諧而閉眼不看。因此，雪麗運用了換框思考：觀察整體局勢，思考有哪些人牽涉其中，精心設計該說什麼話，才不會讓人措手不及。她衡量分享資訊的最佳時機，並決定不要一次把所有的壞消息都說出來。那樣只會引發災難性的連鎖反應，大家會開始互相指責、推卸責任。

「如果我在第一週就直接說這個專案要終止，我會失去大量的信任，他們會覺得我太草率。」雪麗說。

因此，她選擇逐步揭露新的細節和數據，讓高層們慢慢看清現實情況。從本質上來說，她是在「促發」（priming）他們[19]——這是心理學用語，指的是透過有意地釋放資訊，引導他人的思考方向。雪麗說，她在會議中會問一些精心設計的問題，引導她的團隊意識到達成目標其實比他們想像中更困難。她並沒有直接說：「我們砍掉這個專案吧。」相反的，她讓他們自己得出結論。

「我知道自己最終想要傳達的是什麼，我只需要帶領你在正確的時間到達那裡，這樣你就不會太過衝擊。」

有些人可能會認為雪麗的方法太慢了，但那是一種有策略的溝通法，深思熟慮又有技巧的傳達訊息。既沒有逃避問題，也沒有掀起劇烈反彈，而是考慮了人、事、時、地，並制定好溝通計畫。

「如果你沒有以正確的節奏或時機溝通，大家會覺得你根本沒有做好準備，你的信任感會瞬間崩盤。」雪麗說。

當我們有時間思考如何應對的時候，這種換框思考會更容易實行。但現實是，衝突和棘手的對話就是會突然發生，比如主管把我們叫進會議室，丟出一個尖銳的問題，問我們事情為什麼沒有按計畫進行。這種時候，逃避不是正確選擇，也可能沒有時間逐一列出各種牽涉到的因素。所以，如果發生這種情況，重要的是不要推託或指責他人，而是想想如何清楚說明我們知道什麼，以及我們的判斷基礎是什麼。表達時加入脈絡可以減緩衝擊。**關鍵是要讓別人知道發生了什麼和正在發生什麼事**，因為衝突之所以惡化，往往是因為人們感到震驚和措手不及。在職場中，沒有人喜歡被驚嚇，因為這會讓他們顯得毫無準備。所以不要害怕提供脈絡、回應他人的期望，並且誠實應對，這都是處理困難情況的好方法。

改變我們在職場的表現方式，並不是要放棄我們從小到大所熟悉和喜愛的價值觀。這關係到我們如何在外向文化的世界中運用安靜文化的方法，透過重新詮釋安靜文化特質，讓它能為我們加分。本章所談的一切，都是為了拓展、增強我們，同時讓我們擁有正確的思維和工具，以正確的方式被看見與重視。但是我必須承認，對於安靜文化的人來說，要

換框思考

與他人互動

根據聽眾關心的重點，
來調整你的訊息

運用時間

充分發輝
每一個機會

展現成就

分享你的工作
如何造福更多人

管理衝突

聚焦於局勢的動態變化，而
非個人輸贏

讓自己在職場上變得更有存在感，還有一場艱苦的戰鬥要打。

接下來我們要討論的，就是關於安靜文化的偏見，也包括我們對自己的限制性信念。

拆解「非黑即白」思維

溫凱西剛開始在紐約市的一家私人股權公司工作時，對於該怎麼在會議上「出現」與「發聲」，感到非常矛盾。她在新加坡長大，身上帶著許多安靜文化的價值觀，包括努力工作、尊重前輩的意見和保持謙虛。

凱西承認：「在成長過程中，我非常在意別人對我的看法，尤其是在高壓的情況下，那讓我很難好好思考和決策。」

進入新公司幾個月後，凱西發現她的同事有許多人都來自外向文化，他們溝通直接、大聲，甚至顯得咄咄逼人。雖然這與她習慣的方式不同，但她意識到，為了取得成功、被看見，她也必須像他們一樣。

凱西解釋說：「上星期我參加了一個會議，我覺得某位與我同期的同事一直在搶話。我擔心如果讓她繼續主導對話，她就會佔據所有的發言時間，而我會被大家視為比較菜的人。所以，我堅決繼續發言，那種感覺真是不舒服。」

她不是用自己習慣的方式應對，而是覺得「非這麼做不可」。但對她來說，這種「大聲說話」的方式並不自然，讓她感到格格不入，也很消耗心理能量。

當我們開始合作後，我立刻知道她需要的幫助是：重新思考如何與他人互動和處理衝突。我們一起重新思考她如何處理棘手的情況，例如當她的同事在會議中一股腦的說話時，不要想成是「我對抗他們」或「他們贏，我就輸」的問題，而是要退一步思考當中的動態因素。例如，她應該思考情境脈絡、使用包容性的語言，並研究如何能更自然地插入話題。我們還討論了她要怎麼在一對一的談話中處理緊張的關係，而不需在整個團隊面前勉強自己表現。

此外，雖然在會議中經常表達自己的想法是件好事，但她需要重新思考：以強勢的方式說話是不是傳達她觀點的**唯一**方法？這不是一個非黑即白的選擇。

她需要重新審視自己「與他人互動」的框架，同時問自己：「這會議的目的是什麼？會議中有誰？我該如何針對人們關心的事情來組織我的發言，讓他們聽得進去？」這樣做可以確保她說話的內容品質，而不是以量取勝。因為問題不在於聲音有多大，而在於內容有沒有切中對方的需要。幾個星期之後，這種新的思維和方法開始發揮作用了。

「我一直過度專注於讓人們聽見並注意到我，卻忽略思考整體結構和背後的動態。我得退一步，找到中間的平衡點，多想想他人想要什麼，而不是只想著捍衛自己和自己的想法。」她說。

就像凱西一樣，有時候當我們進入外向文化的職場時，我們會誤以為必須改變自己才能融入其中。但重點其實是要牢記我們的「換框思考」，才能用更適合自己的方式，勇敢說出口、自在表現。凱西最終發現，她不需要改變自己的安靜文化特質，只需要專注於換框思考，讓自己擁有被聽到和被看到的工具。

給聰明人的提醒

非黑即白的想法，就是覺得問題只有一種解決方法。我們會認為必須改變自己、變得外向，才能成功。但是事實上，「換框思考」提供了一種更平衡的方式，讓我們不需要完全改變自己的安靜文化特質，也能適應外向文化的職場。

那麼，該如何辨識我們要使用哪一種換框思考呢？有一個方法是，當工作中出現不舒服的事情時，留意你的生理感覺。例如，當你在會議中想說什麼的時候，你的胃會不會翻騰？這可能是要專注於「與他人溝通」的信號。或者，有人稱讚你時，你是否會心跳加速？也許你應該研究一下「如何展現成就」。

聆聽自己的身體是一個很好的開始，它會讓你知道應該先從哪裡著手。

POINT

本章重點

◆ 在職場中追求成功和建立能見度，不需要我們壓抑自己安靜的特質，或變得很外向。

◆ 透過重塑安靜文化的價值觀，可以幫助我們拓展在外向文化中的工作方式，同時保有原本的自己。

◆「與他人互動」的換框思考：根據聽眾關心的重點，來調整你的訊息。

◆「運用時間」的換框思考：充分發揮每一個機會。

◆「展現成就」的換框思考：分享你的工作如何造福更多人。

◆「處理衝突」的換框思考：聚焦於局勢的動態變化，而非個人輸贏。

第三章

克服安靜文化的偏見

——關於我們的認知和對自己說的話

當我意識到自己在安靜文化的價值觀中成長，卻在外向文化的環境中工作時，就開始了一段長達數年、尋找更多職場清晰度和自信的旅程。

我創建了「換框思考」這個工具，並將它們應用到我「與他人互動、運用時間、展現成就和處理衝突」的方式上，而且是**有意識**的在工作中運用它們。更重要的是，我開始感覺到了改變。我不再坐在會議中，反覆思索且困惑他人對我的看法。現在的我更可以讀懂會場的氣氛，並提供有價值的觀點。「我應該大聲說出來嗎？」和「我應該展示我的成就嗎？」這些想法，現在被重新定義為「我該怎麼說？」、「我該怎麼做？」

當你開始應用換框思考時，就會發現它們是一種既非「安靜」也非「外向」的策略性做法。我們在遇到不知道該做什麼或該說什麼的情境時，它能創造出一條新的道路。但說實話，這需要努力，畢竟它們都是全新的方法。有時候，在會議中暢所欲言，並針對聽眾所關心的內容來調整我們的訊息還算容易；但有時候，保持沉默會讓我們感覺更輕鬆。你會不斷反覆思考和應用這些換框思考，因為你會發現儘管考慮了聽眾、盡可能利用每個機會、適時展示你的成果，並專注人際的動態作用，但想要「以你想要的方式」被看見，仍然困難重重。有時候，你甚至會看到機會與你擦身而過，不禁懷疑這些換框思考是否真的有效。答案是肯定的，但我們也必須正視一個現實——這世界確實存在著對「安靜文化」的偏見。

所謂的「安靜文化偏見」，指的是由於我們的性格比較安靜，就被認為很溫順，甚至是軟弱；因為我們習慣認真工作、低頭做事不張揚，所以被認為是「優秀的員工，但不適合當領導者」；因為不像其他人一樣經常談論自己的成就，所以我們被假設沒有任何值得一提的成就；因為我們傾向避免衝突，所以被認為無法處理艱難的對話和管理他人。更糟糕的是，當我們鼓起勇氣發聲時，甚至可能遭到反彈，因為這不符合他人對我們的預期行為。如果我們在安靜文化的行為中，再加入種族或民族的因素，文化落差就會更加複雜。

事實上，女性和有色人種在職場中更常有被忽略、不被承認和被遺忘的情況。研究人員指出，有四種跨領域的隱形[20]：抹除、同質化、異國化和白化。抹除是最直接的一種，完全被忽略或被視而不見。同質化指的是我們被視為某個群體中「同質、可替換」的成員。異國化是指我們被簡化為「充滿異國情調的外來對象」，被獵奇或被物化的看待。白化是指我們與白人有相似之處時才受到讚美，但其種族、民族身份和文化背景，卻因此被貶低或忽略。

就我個人而言，身為一個價值觀深受安靜文化影響的亞洲女性，我曾在會議中多次說出我的想法，但提出的建議就像空氣一樣，消失得無聲無息。

最近我就有個經歷，完美體現了我們可能遇到的偏見。儘管我覺得自己在外向文化中遊刃有餘，而且多年來，我一直在職場中運用換框思考，但在與某位高層的午餐會面後，我卻感到非常失望。我本來是要討論加入董事會的事，但才剛坐下不到十分鐘，這位高層只想討論一件事：他對亞洲文化的好奇與我成長背景的想像，完全偏離了正題。

「讓我猜猜——你小時候一定都要聽父母的話吧？是不是對自己的未來沒有選擇權，好像你只能當醫生或律師？」他饒富興味的問道。「你小時候會不會在餐廳喝熱水？會不會把塑膠袋當作垃圾袋重複利用？在家是不是一定要脫鞋？」他又繼續問。

我對於他想討論這些感到驚訝，於是我很有禮貌的把話題拉回正軌。然而他根本不為所動。這時我意識到，我們談論的不是我能為公司帶來什麼，而是在關於一個「乖乖牌亞洲女孩」的刻板印象。不用說，這非常令人失望，所以我提早離開了。我走出去時，內心極度沮喪。在我心中，我知道這種行為已經不只是對安靜文化的偏見，而是赤裸裸的偏見。

在那次午餐會面之後的好幾天，我不禁懷疑自己是否在打一場永遠打不贏的仗。我在想，作為雙重少數族群——女性和有色人種，再加上來自安靜文化的成長背景，是不是註定永遠被看輕、被當成比起領導眾人更習慣服從的員工。我是否必須一直努力爭取，才能得到一點點認可與重視？

毫無疑問，當我們的身分認同牽涉到某些族群時，會使「安靜文化偏見」變得更加複雜。有時候，我們會覺得乾脆放棄抵抗，退回到安靜文化的行為模式中會比較容易。但事實是如果我們任由這種想法在心中扎根，就永遠無法拓展與突破自己。當我們選擇保持低調和沉默，就等於是繼續鞏固那些早已習慣被聽到和被看到者的權力結構。因此，如果我們的職場屬於外向文化，而我們卻沒有推動自己成長，或努力突破熟悉的行為模式，那我們終將變得徹底透明，錯失越來越多的機會。

嘗試的勇氣

對於我們這些在安靜文化中成長的人來說，最大的一項優勢就是擁有深入內省和處理事情的能力。在這個快節奏的世界裡，我們善於傾聽、觀察和處理事情的能力，是一項巨大的優勢。我們很有應變能力，也擅長獨立解決問題。然而，我們單打獨鬥的能力，有時候卻讓我們變得孤立。更糟的是，我們會因為不想造成他人的麻煩，而讓事情不了了之。舉例來說，在工作時，如果我們想要加入一個重要專案，可能會爭取一次，一旦被拒絕，我們會心想「至少我試過了」，就這樣打住了。安於現狀確實是一種平靜的心態，但如果我們真的有渴望的目標，我們需要的，是再試一次的勇氣。

因此，我想談談如何克服**內在**的「安靜文化偏見」，特別是我們對自己說的話。先前，我談過**外在**的「安靜文化偏見」，也就是他人會將我們的安靜解讀為軟弱，但同樣棘手的是，安靜文化偏見也可能來自我們腦海中的聲音。舉例來說，我們可能有一種想法是：「我不想失敗」或「我不想看起來很丟臉」，所以就一直待在舒適圈內。有些人甚至可能深受「愛面子」的觀念影響，覺得做一些超出舒適圈的事情，會讓我們處於尷尬又脆弱的位置，尤其是當結果不如預期的時候，更是難堪。

但問題就在於，如果我們相信這些內在的安靜文化偏見，它就會阻止我們發揮最大的潛力。當我們讓焦慮、害怕出糗或害怕被批評的情緒佔上風時，就會阻礙自己在工作中被認可的機會。而我們應該做的是竭盡所能，把最無私的禮物送給自己：**不要再批評自己**。這世界上已經有夠多評論和批評聲音了。當我們遠離主流，或接觸一些嶄新或不舒服的事物時，害怕是正常的，但是我們必須以更有同理心的語言來取代限制性的想法。我們必須相信自己所做的事很重要——因為它的確很重要。

就算我們還沒完全準備好、沒有萬無一失的答案、甚至沒有英文母語的成長背景，也請記住：我們的職涯經驗本身，就是值得與他人分享與慶祝的寶藏。

為了幫助我們克服內在的「安靜文化偏見」，我設計了一套實用方法，每當我懷疑自己的能力或質疑自己的表現時，我就會用它來自我檢查。身為人類，面對不確定性時會想逃避是很自然的，尤其是當自己的名聲可能受影響時，我們會傾向待在安全區域。研究人員稱之為「恆定效應」（Permanence effect），也就是我們傾向於堅守原本的信念，不願意改變想法。

因此，為了打破限制性的信念，並讓我們更自在地展現自己，我精心設計了「記者提問法」，用來挑戰自己的安靜文化偏見，並重新檢視信念。這個方法是從我的行業得到靈感——身為記者，我們習慣用正向懷疑的眼光來看世界：我們聆聽人們說的話，但在內化之前，我們會驗證、質疑它的真實性。記者提問法在新聞界相當受用，但在對抗任何可能阻礙我們的信念時，也很有效。

運用這個方法時，我們可以用「我怎麼知道……？」的疑問句來替換掉「我做不到」的直述句。然後，問問自己，為什麼我們認為不能做某件事情，或為什麼如果我們做了某件事情，就會發生不好的事情。

先看看下頁表格左邊內在的「安靜文化偏見」，就可以發現這些想法在被當成陳述句時，會讓我們對自己的能力產生非常狹隘的詮釋；而記者提問法能幫助我們打開思路，創造出更多種可能，甚至讓意想不到的機會浮現出來。只要我們無法百分之百肯定自己做不到或壞事一定會發生，就不應該把這些偏見當成事實。相反的，我們應該相信自己，勇敢嘗試、盡全力去做。這就是「認知重塑」（cognitive reframing）的力量，它可以提升我們嘗試新事物的意願——而這往往就是最意想不到的機會出現的起點。

記者提問法

安靜文化偏見	挑戰和重塑
我覺得我做不到。	我怎麼知道我做不到？
我不想要看起來很傻。	我怎麼知道我看起來會很傻？
我不想要失敗。	我怎麼知道我會失敗？
我不想要被佔便宜。	我怎麼知道我會被佔便宜？
我覺得他們不在意。	我怎麼知道他們不在意？

命名你的限制性信念

我第一次接到杜凱西的電話時，實在不確定她有什麼困擾。凱西向我尋求溝通方面的協助，但表面上看來，她似乎沒什麼大問題。她的舉止很有活力，說話也清晰且引人入勝。她的非語言溝通技巧，例如微笑和使用手勢，也都很到位。

然後她說：「我的問題在於我總是想到最糟的一面。」

我請她詳細說明。

「如果老闆給了我建設性的回饋，我的腦袋就會飛速轉動。我很肯定自己做錯了什麼，或惹惱了客戶，同時說話開始變得很快。」她說。

她所經歷的是在我們業界常說的「思緒飛馳症候群」（Racing Brain syndrome）。對許多人而言，當我們收到意見時[21]，大腦會假設最壞的情況。例如，我們認為主管對我們失望，覺得自己會被叫到人事部門，或者更糟——被開除。因為我們沒有心理準備，又感到緊張，所以我們滔滔不絕、防衛心強，並繞圈子說話。對於在安靜文化中長大的人來說，這是回應衝突的常見方式。再小的意見回饋，在我們的腦海中也會被放到最大。

凱西也知道這些有建設性的回饋，其實沒有那麼嚴重，她也不會因此被開除，但她想調整自己對這些回饋的反應。她希望我們能幫助她重塑反應，從陷入沮喪情緒轉變為採取行動。因此，我們從命名她的負面自我對話開始。我先拋出一個意想不到的問題：

「你最不喜歡的蔬菜是什麼？」我問。

「芹菜吧？」凱西似乎有些困惑的回答道。

「很好，讓我們把你的負面自我對話取名為『芹菜』。」我說：「當你開始陷入負面思緒的黑洞時，就對自己說：『芹菜，這太過分了，停止！』」

凱西笑了。雖然有點愚蠢，但是她懂了。

「命名」其實是一種認知技巧，如果有意識的使用，可以幫助我們在負面想法出現時辨識和覺察到它們。在凱西的案例中，將負面的自我對話命名為「芹菜」，就好像一個能看見也能對話的對象，她就可以直接在腦海中處理它。此外，在她和這個想法之間建立區別，也給了她思緒轉換的空間。

同樣的，就像我們可以辨認並命名負面自我對話一樣，同樣也可以命名正面的自我對話，藉此引導自己走向更正向的思考。

「你最喜歡吃的蔬菜是什麼？」我接著問。

「蘑菇。」凱西回答。

「好的——那我們把正面的自我對話命名為『蘑菇』。蘑菇會說：『等一下，這不是世界末日。冷靜下來，深呼吸。沒事的。』在恐慌的時候，你可以對自己說：『讓蘑菇帶我回到正軌吧！』」

凱西聽完這個方法後，她拿出兩張便利貼，在一張上寫「芹菜」，在另一張上寫「蘑菇」。她把這兩張便利貼黏在桌上，然後微笑著說：「這樣我每天看到，就不會忘記了！」

這些字眼雖然很好笑，卻能直觀的提醒我們——時刻注意自己腦中說的是什麼，以及我們選擇相信什麼。當內在的安靜文化偏見太大聲時，請記住腦海中有兩個聲音，而我們有能力選擇那個最能幫助我們的聲音。

給聰明人的提醒

回想一下，在某個情況中，你困在恐懼中動彈不得，或是陷入負面和限制性想法的漩渦時，你當時腦中冒出的念頭是什麼？是不是自動預設最糟的情況？一個很好的判斷指標就是回到身體感受——心跳加速、胃部痙攣、噁心……等等，這些都是線索。

如果你對自己特別嚴苛，甚至持續五分鐘以上，請深呼吸，承認這只是「負面的自我對話」，同時為它命名。然後問自己：「**我怎麼知道這是真的？我現在可以做什麼？**」

成為自己最佳的啦啦隊

對於某些人來說，為了在個人與職業方面有所成長，克服「安靜文化偏見」是一種選擇；對另一些人來說，走出舒適區則是生存的必要。

我曾在前面提過，我的家人從臺灣移民到美國，以及他們如何團結起來，開了一家名叫「桃園」的家庭餐廳。我媽媽是八個孩子中最小的一個，在生下我和弟弟之前，她一直是服務生。之後的二十多年，她一直擔任家庭主婦的角色，每天為了打造一個安寧的家和照顧家人而奔波。她這樣做，是因為她想給予我們充分支持，而且更重要的是——確保我們不會惹上麻煩！對她來說，安穩的生活步調與她的安靜文化價值觀相得益彰：聽話、不添麻煩，並維持和諧的環境。

然而，我大學一畢業，一切都變了。我父母離婚，我媽媽發現她必須重返職場。但要重新融入職場，對她而言並不容易。餐廳已經被賣掉了，所以她必須從零開始——學習使用新科技、適應辦公室政治，以及在以英語為主要語言的職場，與同事有效溝通。在這個以「外向文化」為主的工作環境裡，她再次感受到了身為「外人」的脆弱感。但是，她現在不是移民到一個新的國家，而是重新適應一個全新的職場世界。最後，她在日本美妝品牌資生堂（Shiseido）找到一份銷售助理的工作。

媽媽回憶那段日子時說：「除了繼續努力，沒有其他選擇。」有好幾次，她甚至不確定自己能否堅持下去。有一些同事仗著她經驗不足就佔她便宜，也有一些顧客待她非常刻薄。每天工作結束的時候，她的腦海裡總充滿了「我覺得我做不到」、「我覺得我不適合做這個」等想法。

「學習新科技非常困難。使用正確的英文也需要練習。但我不讓自己陷在『我做不到』的念頭太久。」她說。

儘管她來自安靜文化（這影響了她與他人互動的方式），但她意識到，除了換個角度看待工作，別無他法。她需要一份工作，也需要他人的幫助。她不再糾結於一切看起來是多麼陌生，而是專注於她可以掌控的事情——重新調整她的限制性信念。接下來，她開始思考如何與團隊合作、搭配產品、提升整體業績。她會主動聯繫客戶，提供他們獨家優惠，加深她在客戶心中的好印象，進而提高回購率。她還不吝誇獎同事，這樣當她分享自己的成就時，就不會顯得自我或偏頗。如果有衝突，她也不會逃避，而是思考：「誰需要知道這件事？下一步該怎麼處理？」力求一切都誠實和透明。

她的做法與這本書主張的一樣：聰明，而不高調（Smart, Not Loud）。

「我總是把事情寫下來，這樣就不會忘記。我跟那些有耐心又友善的同事成了好朋友，我也總是會指出**我們**作為一個團隊表現得有多好。每一天都變得更好一點。」

在短短幾年間，我媽媽在這個外向文化職場中的表現，已經令人刮目相看。她原本傾向於保持安靜、低頭、避開鎂光燈的習慣，逐漸轉變成一個有策略、能見度高的優秀員工。她沒有拋棄自己的安靜文化；相反的，她重塑了自己的價值觀，找到既能保有自我、又能適應新環境的方法。她從一個矜持的家庭主婦，變成了一個廣受喜愛且表現頂尖的員工。僅僅工作了幾年，她就被提拔為經理，並成為整間百貨公司業績最好的員工之一，一年之內就賣出了四十萬美元（約一千兩百萬新臺幣）的銷售額。她自己的熟客名單中，有三七%的人會固定回購，遠遠高於其他櫃點的平均值。對一個由五十多歲的前家庭主婦負責，位於郊區百貨公司的小型化妝品專櫃來說，這樣的成績可說相當亮眼。

我之所以分享這個故事，是因為我媽媽之所以能夠有如此大的轉變，來自於她如何選擇看待自己。她意識到她需要改變，不光是因為這有生存的必要，更讓她感受到力量。在改變的過程中，她也發現了自己從未見過的一面。她將這種自信和自我肯定，歸功於成長型心態（Growth mindset）。

她說：「你必須成為自己的最佳啦啦隊，如果連你都不挺自己，還會有誰挺你？」

持續前進

當我們重新思考如何與他人溝通、在工作上如何投入時間、如何展現成就、如何管理衝突時，也必須考慮安靜文化偏見的影響。這一點來自於人們如何看待我們，以及我們如何看待自己，這兩者都會影響我們的自我認知。

改變人們對我們的看法需要時間，但我們可以決定面對職場工作的態度。例如，承認我們可能是自己最苛刻的批評者，就能減少內心的負面自我對話。又或者，我們所經歷的那些痛苦、摩擦和尷尬的對話，其實都是自己勇敢踏出舒適圈的證明。換句話說，我們要學會對自己說：「我們必須停止怕丟臉，開始主動展現自己了。」只要我們持續挑戰自己，對進步充滿希望[22]，並且時不時的自我反省，就會開始以我們想要的方式受到注意。

到目前為止，我們花了很多時間在討論安靜文化和外向文化這兩種結構，以及我們的成長方式如何強化了某些行為。然後，在進入職場時，我們會感到文化衝擊，因為我們所學到的與外界對我們的期望形成了強烈對比。

不過，關鍵並不在改變自我，如果我們不是那樣的人，就不要嘗試變得外向。重點在於：**找到讓自己被看見、但同時仍然保有本色的方式**。這就是「換框思考」發揮作用之處，它提供了一種全新的思維方式，幫助我們重新看待自己的行為，讓我們不需要在「安靜」或「外向」之間二選一。

有了這種思維模式，下一步就是要找出該怎麼做。這就是我們將在第二部分討論的「安靜資本框架」所要解決的問題。

POINT

本章重點

- 安靜文化偏見是一種將安靜個性與「懦弱」或「沒能力」劃上等號的刻板印象。
- 這種偏見既可能來自別人對我們的看法，也可能來自我們怎麼看自己。
- 要克服安靜文化偏見需要自我同理，以及學習從「愛面子」轉變為「主動表現」。
- 將負面想法命名是一種認知技巧，可以幫助我們辨識出有害的自我言論，從而調整思考方向。
- 「記者提問法」可以幫助我們質疑負面或限制性信念的真實性，進一步打開自己的視角。
- 我們要學會成為自己最好的啦啦隊。

SMART, NOT LOUD

PART

2

安靜資本框架

到目前為止，我們談了許多人在職場中感受到的張力——當我們試圖用「安靜文化」的特質去應對「外向文化」主導的工作環境時，會產生的不適與摩擦。也分享了如何透過換框思考來調整我們的思維模式。到了第二部分，我們要將焦點放在策略性的建立「職場能見度」，因為換框思考可能會讓我們大開眼界，但卻不一定會為我們打開機會之門。為了讓換框思考發揮影響力，我們必須把重點放在自己在職場上能做些什麼。

現在，讓我們進入「安靜資本框架」，這是一個由三大支柱組成的架構，幫助我們以想要的方式在職場上被看見、被認可。透過打造職涯品牌、建立可信度，以及為自己爭取權益，我們就能更主動地爭取應得的認可與機會。

第四章

打造個人職涯品牌

——掌握講自己故事的主導權

踏入電視新聞編輯室的那一刻，混亂嘈雜的氣氛完全符合我的想像：電視在大聲播放、電話響個不停、收音機在放廣播，工作人員跑來跑去，編輯在提醒製作人最新的突發新聞，而製作人則在交代記者該怎麼做，以免錯過任何一刻。這樣的環境正是外向文化的縮影。對於一個在安靜文化價值觀中長大的年輕大學畢業生而言，踏入這個新環境相當令人不知所措。從學校的教科書到父母教導我的事，我對這個世界認識的一切，在此全都派不上用場。

因此，當我開始工作時，根本不知道該如何表現才能引起別人的注意，更不用說讓別人看到**我想被看到**的樣子。我並不是討厭喧鬧忙碌的環境，而是不知道該如何在其中生存。人們工作的節奏讓我感到害怕，他們在會議上大聲討論、辯論，甚至互相提出異議（甚至連對主管也不例外！）的方式，讓我震驚不已。我發現自己總是不斷在質疑每一個想做的事，因為我沒有明確的答案，所以不得不躲在自己熟悉的舒適圈之內。

你能想像得到，這就是我一天的生活：我進入辦公室，開會時一語不發，接受指示後開始處理一天的工作。我獨自完成——一個人研究、採訪與寫作。在電視圈，這其實有個稱呼，叫做「一人團隊」，而我就是這樣的人。

然而，當我在雷諾的ＮＢＣ新聞臺接到第一個大型突發性新聞的任務時，這種單打獨鬥的情況被改變了。那個星期二的早上，編輯室突然響起警報：在城外約六十四公里處，發生了一場重大的火車意外事故，據推測，現場有多人死亡。ＣＮＮ等全國電視臺紛紛致電我們的辦公室，要求提供更多資訊。當時什麼細節都還沒有，我收拾好行李，打算直奔現場。

就在我準備走出門口時，主管在新聞編輯室那頭喊道：「凡妮莎和賈斯丁和你一起去！」

凡妮莎是資深記者，賈斯丁是經驗豐富的攝影師，兩人都有多年的經驗。但當我聽說他們要來時，我忍不住心想：為什麼？

「這是個大新聞，我們需要全體人員的參與。」我主管說。

搭車途中，我腦袋裡想的是我不需要別人幫忙，我自己就能處理。我擔心因為我們有三個人，反而協調和完成工作的時間會更久。

抵達現場時，我們得知一名卡車司機因為滑手機分心，在平交道口撞上一列美鐵（Amtrak）火車。現場一片混亂，警車、消防車、救護車和新聞採訪車都停在路邊，急救人員正在救治傷者，初步估計有六人罹難。遠處的失事列車，大火仍在熊熊燃燒。

我們三個沒有給自己太多時間沉澱或消化這場災難帶來的震撼，就馬上開始工作。凡妮莎找到乘客進行採訪，賈斯丁專注於拍攝現場的輔助鏡頭（B-roll），而我則去找警察和消防員收集更多資訊。

不到十五分鐘，我們重新集合，準備現場直播。賈斯丁架設好攝影機，凡妮莎和我輪流發言、提供最新消息，並補充背景資料。無論我說什麼，她都會以目擊者的描述加以補充。由於我們彼此互補，所以整篇報導顯得更有說服力。

結束後，我們三人回到車上。回辦公室的車程至少要一個小時，所以我想小睡一下。就在我打瞌睡的時候，凡妮莎轉過頭來對我說：「嘿，你今天表現得真棒。」

「謝謝，你也是！」我回了一句。

在我閉上眼睛時，不禁微笑。不只是因為她肯定了我的表現，也因為我能真心回應她的讚美。然後我突然想到，我們之所以能夠彼此激勵，是因為我們**共同經歷**了這一切。她親眼目睹了我如何應對混亂的現場，而我也見證了專業人士的風範。但更重要的是，我們現在有了共同的經歷，拉近了我們的距離。在那一瞬間，我意識到，也許我需要重新思考一下「單打獨鬥、埋頭苦幹」的策略。

後來，我們回到辦公室之後，我聽到凡妮莎在向主管匯報。

「噢，潔西卡做得很棒！她反應很快。」她說。

這只是一句簡單的讚美，但從一位備受尊重的資深記者口中說出來，卻讓我深刻感受到自己的能力被肯定。尤其這話出自我主管信任的人，所以更有分量。現在的問題是：我該如何複製這樣的經驗，創造更多讓自己被看見的機會，加速我的職涯成長？

這就是建立「安靜資本框架」第一個支柱的地方。如果換框思考幫助我們重新思考「如何看待工作」，那麼安靜資本框架就是能幫助我們「建立影響力和知名度」的工具。當我們具備正確的思維和工具，就能以自己想要的方式被看見。這一切都從「塑造職涯品牌」開始。

你的職涯品牌

某個星期二早上，當我坐在電腦前打開 Zoom 時，微軟（Microsoft）的夏樂蒂・華特森（Charity Waterson）和她的團隊已經在另一端等著了。她剛剛參加了我在微軟舉辦的工作坊，我在工作坊上教人們如何建立自己的職涯品牌。她非常喜歡，並希望我為她的工程師團隊提供同樣的訓練。

「我們有很多 WebXT（網路體驗）工程師都很聰明且勤奮，但他們需要協助，思考怎麼展現自己的價值，以及如何談論他們的工作。」華特森說。

我回答：「我明白，努力工作**不等於**職涯品牌。努力工作是理所當然的。職涯品牌則是當我們不在場的時候，別人對我們的看法。」

在接下來的幾週，我們為她的團隊精心設計了兩堂課程：一堂是針對管理層，教他們如何為自己定位，同時也能帶動團隊這樣做；另一堂則是針對基層員工，讓他們學會如何行銷自己，以提高職場能見度。我們將這兩堂課程合稱為《破解你的職涯密碼》。

我們在課程中的一大重點，就是確保每個人都明白：他們完全擁有主導權去打造一個自己引以為傲的職涯品牌。因為職涯品牌不只是一個頭銜、一個職位，甚至不是工作的有多努力。職涯品牌是我們的「北極星」，用來指引我們**做什麼樣的工作、和誰一起做，以及如何定位自己**，還有如何**在職場中提高自己的能見度**。

乍聽之下，打造職涯品牌似乎很難。持懷疑態度的人常見的反駁是「我們無法決定自己的工作內容」或「我們只能聽命行事」。但事實恰好相反。只要採取正確的步驟，我們對人們如何看待自己，其實有更多的主控權。

關鍵在於我們要「有意識」的工作，才能最大限度的利用每個機會（無論機會大小）。如果這聽起來像「運用時間」的換框思考，它就是——現在，我們要將這個換框思考付諸於行動。

要打造自己的職涯品牌，首先，我們必須重新思考安靜文化的模式中，不談論自身能力的習慣。事實上，當我為這本書訪問眾多領導者時，我發現了一個有趣的觀點，那就是他們當中的許多人之所以能夠取得今天的成就，並不是因為他們多會讀書、多高學歷或工作速度多快。他們能達到今天的地位，是因為他們能夠利用別人交代的任務，「延伸」出新的機會、新的人脈，從而為自己帶來更大的影響力。而要做到這一點，我們必須先釐清自己**重視**的事物。

研究人員指出，當我們在做自己喜歡的工作、認同其價值，並覺得自己與它的目標有連結時，我們就會感受到一種名為「情感承諾」（affective commitment）[23]的組織連結感。這種情感會讓我們感到更充實、更滿足，進一步提升我們的工作表現。

因此，要建立職涯品牌，首先要確定你的核心價值，接下來我們將一起完成這個練習。這個練習需要一點時間，因為我們大多數人從來沒有給自己時間去思考，但這將非常值得。一旦找出你的核心價值，接下來就可以討論並確認你的差異化因素、如何將天分與機會連結，以及如何擴大你的影響力。這四個步驟將能打造出你的職涯品牌，這將成為你在職場上展現自我、引以為傲的資產。

第一步：找到你的核心價值

建立職涯品牌的第一步，是清楚了解你所重視的價值觀。在這裡，你必須要非常誠實：你認為哪些價值觀最有意義、讓你最有成就感？你的動力來源是什麼？

作家兼領導力專家布芮妮・布朗（Brené Brown）在《召喚勇氣》（*Dare to Lead*）一書中寫道：「我們的價值觀應該是如此具體、如此無懈可擊、如此精確清晰、不可撼動，以至於我們不覺得它們是一種選擇，而是我們人生的一個定義。」[24]

乍看之下，你可能會懷疑職涯品牌價值與安靜文化價值觀有何不同。安靜文化價值觀是我們從小被教導要體現的價值觀，它們沒有好與壞，只是我們的一部分。另一方面，職涯品牌價值是那些驅使

建立職涯品牌

1. 找到你的核心價值
2. 辨識出你的差異化因素
3. 將天分與機會連結
4. 擴大觸及範圍

我們行動的動力來源，因為它能滿足內在目的。由於職涯品牌價值給了我們方向和能量，因此無論我們有多忙，都不會感到枯燥、疲倦或意志消沉；相反地，它讓我們每天早上知道自己為什麼要做這份工作，而且想要把它做好。此外，當我們關心的事情與擅長的事情一致時，產生的力量和影響力就會變得無與倫比。

因此，為了幫助你釐清自己的價值觀，左頁表格是一些供你參考的詞彙。當你閱讀清單時[25]，請選出最能打動你的詞彙，數量不要超過二到三個。這並不容易，因為很多價值聽起來都很重要，但你必須保持專注，誠實的說出那些對你來說最有意義的。這些價值會成為你的職涯品牌燈塔，指引你未來的每一步。

以我來說，最能代表我本人的兩個核心價值是「自由」和「成長」。但是，由於我是在安靜文化的價值觀中長大的，儘管我內心深處覺得它很正確，卻很難體現「自由」這個核心價值。因為我很不擅長說不，也很難為自己設定界限，所以我不知道自由是否真的可以成為我的核心價值之一。舉例來說，當別人請求我幫忙時，我總是說好，因為我不想翻臉，也不想引起衝突。不出所料，我經常精疲力竭、身心俱疲；雖然我幫助了別人，卻沒有給自己選擇的自由——而那是我的真正渴望。

成就	成長	品質
分析	誠實	被認同
平衡	獨立	放鬆
挑戰	影響力	研究
競爭	正直	尊重
創造力	領導力	冒險精神
多元	學習	靈性
效率	管理	社會地位
財務穩定	堅毅	有系統
彈性	體能	支援
自由	權力	團隊合作
友誼	可預測性	信任

然而，當我意識到並接納我的核心價值之一是「自由」時，我開始更有意識的管理及運用時間。我開始提出一些問題，例如：

- 如果我必須要做這些工作，有沒有可能讓這些工作經驗成為我往後真正想做工作的跳板？
- 我該如何重新安排時間，好讓我自己有一點主導權，去做讓我開心的工作？
- 我該如何鼓起勇氣，優雅的拒絕某些瑣碎雜事，讓自己有時間去做感到熱情的工作？

最後一個問題尤其困難，因為我不知道說「不」會有什麼後果，但我相信，只要我明智處理，這麼做將讓我變得更快樂、更有生產力（需要注意的是，拒絕這件事如果處理不當，可能會傷害我們的職涯品牌。所以我在第六章會深入談「自信說不」的藝術）。

至於「成長」，對我來說，是一項很容易辨識的核心價值，也很容易實踐在我的日常工作中。我總是對人很好奇，好奇我們為什麼會做出某些行為，好奇事情如何演變。我總是喜歡安靜的學習和傾聽。想像自己能夠沉浸在一本新書中擴展自己的思維，或是培養一個新嗜好（豎琴！），仍然令我津津樂道，因為成長意味著新的體驗。當我要選擇行業時，新聞業是我職業生涯的最佳起點，因為每天都是新的冒險。前一天我報導政治新聞，隔天則沉浸在商業新聞中，接著我又頭也不回的投入到醫療保健的報導中。能刺激我成長的工作，永遠是我的動力來源。

那麼，你的核心價值是什麼？在這裡寫下來：

核心價值1：________

核心價值2：________

核心價值3：________

第二步：辨識出你的差異化因素

塑造職涯品牌的第二個步驟，是找出你的差異化因素。要做到這一點，請回想你喜歡做哪種工作，尤其是你**擅長**做的工作。

回想過去的三個月，什麼工作讓你興奮？有什麼工作對你來說是得心應手的？或許你不喜歡工作的所有部分，但有些任務和專案你可能很樂意投入去做，而且做得很輕鬆。可能是處理數據和資料的能力、在某領域的專業知識，或是你的寫作技巧。這裡有個提示：**你喜歡做的事，可能就是你擅長的事。**這就是人們常說的進入「心流」（flow）：工作的很順，時間也過得很快。

如果你不確定，請回答下列問題，深入挖掘你的差異化因素。

每天早上開始工作時，你最想先做什麼？

（例如：我最喜歡一天的開始是拿一張白紙，開始畫出我腦中的新想法。）

當主管指派一個專案給團隊時，你發現自己傾向於扮演什麼角色？

（例如：我喜歡撰寫最後報告，因為我擅長把每個人的成果整合起來。）

在工作中，什麼事情對你來說很容易，也就是你「拿手」的事？

（例如：我負責資料分析，所以看大量的數據不會讓我感到壓力，反而像是解謎一樣有趣。）

當你思考答案時，你可能會發現某個主題或共通點，甚至可能找到一個以上的差異化因素。這是好事，你的差異化因素就是你的**競爭優勢**，因為你不僅喜歡這份工作，而且做得很好。不要以為對你來說自然而然的事情，對其他人來說也很容易。這裡沒有正確的答

案，重要的是，無論你的差異化因素是什麼，你都樂於為人所知，因為你的職涯品牌將以它為根基。你希望人們說的是：「我們需要一個人來幫忙做○○這個項目」時，你就是最合適的人選！

以我為例，我作為記者時的差異化因素，在於我很擅長報導商業故事。當我接到與商業、產業和市場有關的報導時，會感到特別興奮。我對此也很有一套，我可以把枯燥的商業問題融入到生活中，也學會了從密密麻麻的財務報告中找出脈絡，並把數據資料轉化為讓人有共鳴的故事。不知不覺間，我手上已經累積一大堆企業和高階主管的聯絡名單，每當電視臺需要做經濟趨勢的相關報導，我隨時可以找到受訪對象。

我經營差異化因素的方式有兩種：首先，我總是在開會時提出至少一個商業新聞的想法，讓大家對我的職涯品牌留下印象。第二，如果我的同事在商業新聞方面需要幫助，我會主動支援他們。久而久之，在我自己察覺到之前，每當有商業新聞進來，我都是第一個被想到的人。「商業新聞」自然就成為了我的職涯品牌，而我也樂在其中。

第三步：將才能與機會連結

到此為止，你已經辨識出自己的核心價值和差異化因素，這兩者共同組成了你的**才能**。當你擅長的事與價值觀一致時，你就會擁有無限的能量。你會感覺做起來很順，而且做得很開心。但問題是：儘管你可能是眾所皆知的「資料專家」、「傑出的工程師」，或是「文筆很好的寫作者」，但這些都只是技能而已。你也許喜歡做這些事情，也許它們對你來說就是很容易，然而現實是，大多數技能都不是獨一無二。這就是為什麼當公司裁員或合併時，光靠獨立執行能力，無法保護你不被淘汰。反倒是那些能將自己的才能與無形技能結合的人，才是真正比較有機會留下來的人。無形技能包括溝通力、解決問題的能力、情緒智商（EQ）以及合作能力等。

事實上，當你開始在工作中運用換框思考時，你會發現自己正在運用這些無形的技能。例如，當你在溝通時，針對聽眾和他們所關心的事情去調整你的訊息（與他人互動），就是在展現你的溝通技巧；當你把握工作中的每一個機會（運用時間），就等於展現了你的影響力；當你分享你的工作如何造福更多的人時（展現成就），你就是在證明自己的影響力；當你在面對爭論時，專注於背後的互動和局勢（處理衝突），你就展現了驚人的情緒智商。

要將才能與機會聯結起來，最有效的方法就是自己創造機會。就像之前談過的，我們未必可以選擇工作內容，但我們確實有能力提出並創造專案（即使很小），以展現宏觀思考和能力。因為正是在這些時候——**當我們沒有被要求去做某件事，但還是主動去做**——才能給人留下最深刻的印象。它不一定是一個宏大的計畫，甚至不一定是龐大的專案，只要展現出超越日常思考的主動性，就能讓我們獲得優勢。

以我自己為例，我意識到如果想要展現無形技能，就必須為自己創造機會；事實上，雖然我希望自己的職涯品牌是「商業專家」，但任何人都可以被視為商業專家。我將枯燥的商業故事娓娓道來的能力，雖然是我的差異化因素，但卻不是我獨有的能力。我做得很好，是因為我想把它做好，但任何人都可以做同樣的事。因此，我回到「自由」和「成長」這兩個核心價值，並開始思考，如何幫助自己和團隊創造出真正有價值的機會。舉例來說，如果自由對我來說很重要，我該如何給予自己空間和時間，專注於我**想做**的工作？針對成長，我可以挑戰自己創造出什麼樣的專案，來證明我不只是一個商業新聞記者？

我在大紐約地區的一家電視臺工作時，構想了一個全新的商業節目，並從零開始構思、提案、製作。當時市場上沒有類似的節目，所以我主動創造機會。把我的名字放在這個商業專案上，我知道這可以鞏固人們對我的印象。我不希望被當成能被輕易取代的商業專家，我想展示自己也能創新、解決問題和創造商業價值。同樣的，如果你想被視為不可取代的專家，你必須開始活出並展現你的職涯品牌。無論是透過換框思考，或是自己創造機會，讓你的職涯品牌深入人心的關鍵，在於你自己。

第四步：擴大你的影響力

塑造職涯品牌的最後一個步驟是擴大你的影響力。儘管你可能知道自己的才能所在，也正在想方設法透過創新工作、團隊合作和協作，來展現自己的才能，但其他人記得你嗎？塑造並活出你的職涯品牌，這是一個永無止境的過程。鞏固一個令人難忘的職涯品牌的關鍵，在於「持續性」。唯有持續不斷地行動、累積曝光，才能讓人真正記住你。

事實上，我喜歡把它想像成一個飛輪。隨著建立職涯品牌的每一步驟，你可以不斷想辦法提起，讓其他人可以看到並將你放在心上。這也包括主動談論你的長處，因為根據我的經驗，只要他人能輕易看見我們，我們的影響力就會不斷累積，產生更多機會。

這裡我想講一個真實的故事，奇異媒體、通訊和娛樂部門的前任總裁兼執行長陳麥可的故事，說明了這四步驟在現實世界中怎樣運作。我們在這本書的一開始就認識他了，當時他分享了凱文錯失升遷機會的故事。而麥可如何塑造自己的職涯品牌，並加以運用，最終成為一間價值七十億美元企業的執行長，絕非偶然。

在奇異工作幾年後，麥可當上了中階風險管理經理，他開始渴望得到更多。他夢想有一天能成為執行長。這是一個大膽的夢想，但是他真心希望能夠實現。因此，他開始規劃一個有助於實現夢想的職涯品牌。麥可確認了自己的核心價值，那就是「建立人際關係」和「為他人創造價值」。然後，他找出了自己天生的與眾不同之處——他能把大量的數據轉化為有意義的資訊。他決定要用這項優勢擴大他對其他部門的影響力。他的第一個目標是銷售團隊。

麥可說：「我會主動聯絡他們說：『我這邊沒有什麼具體作法，但我想要花幾分鐘了解我能怎麼幫助你們。』」

他說他想學習銷售的各種知識，以加強自己的業務專長。作為交換，他利用自己的才能，免費為銷售團隊分析資料。

「我去找銷售主管說：『我和我主管正在做客戶信用資訊的資料庫，但我也可以加入銷售資訊，讓他們也能查到自己的資料。』我花了大約一年的時間在這個專案上，每週大概工作八十小時，白天我試著與銷售部門建立關係，一邊還得完成我原本負責的風險管理工作。」麥可解釋道。

在建立新關係的同時，麥可也展現了他跨部門合作與溝通的無形技巧。「我見過北美的每一位客戶，也和每位銷售人員打過交道。他們都很喜歡我，因為我幫助他們建立了這個資料庫。」他說。

最後，他發現自己在對的時間出現在對的地方。北美地區的銷售主管即將退休，而麥可的名字也被納入候選人之中。由於他的能見度高，也證明了自己的能力，儘管他沒有傳統的銷售背景，還是被選中了。但故事並沒有就此結束。隨著麥可職業生涯的發展，他的職涯品牌和影響力也在不斷成長。作為北美地區的新任銷售主管，他現在可以接觸到公司的頂級客戶：各大航空公司及其高階主管。這代表他又接觸到另一群新的人脈。

「當其中一位航空公司執行長真的打電話給奇異的執行長，說他們應該提拔我時，轉折點來了。」麥可說：「當時我距離執行長低了六個層級，所以他根本不知道我是誰。但是當他的同輩，一家大型航空公司的執行長打電話推薦我時，我的執行長突然就想認識我了。不是我自己推銷自己，而是我的客戶推銷我。」

雖然這當中肯定有一定程度的運氣和時機因素，但由於麥可為自己做好了定位，並做好了準備，因此他得到了機會。在過程中的每一步，他都充分利用了他的差異化因素，並展示他的無形技能。他做到了這一點，同時堅守自己的核心價值「為他人創造價值」，並尋找機會不斷擴大自己的影響力。

「我的策略是建立關係。」他說，「我真的很喜歡與人互動，也真心想幫助他們的業務成長。我與航空公司的執行長們建立了真誠的關係。我們一起吃飯，一起參加活動，甚至成為有私交的朋友。」

對麥可來說，他的晉升不是靠單打獨鬥，而是他發現付出的越多，得到的也越多。他當然沒有讓自己的職涯品牌隨波逐流，如果他這樣，可能就會一直待在風險管理部門。但更重要的是，他對此採取了積極主動的態度。就像踩飛輪一樣，他的影響力持續擴大。

當你花時間反思打造職涯品牌的四個步驟時，就是有意識的在職場中展現自己的「存在感」。當你的工作與價值觀一致，同時展現你的無形技能時，你就創造了自己想要的影響力，這可以讓你在外向文化的世界中工作得更加順利。事實上，如果你不主動經營自己的品牌，別人就會替你下定義。舉例來說，你會被稱為某種專案的最佳人選，因為大家都知道你能做好，但那未必是你真正想做的事。因此，請記住，你是自己這艘船的船長，你可以掌控自己想要的航向。

有了安靜資本框架的第一支柱，我們現在進入第二支柱：在工作中建立可信度。

建立連結的力量

李葛羅莉雅（Gloria Lee）是加州橘郡（Orange County）最大的律師事務所「魯坦與塔克」（Rutan & Tucker）的客戶關係合夥人，她是一個很好的例子，展現如何找出自己的差異化因素，並以此發展職涯品牌。

當你遇到葛羅莉亞時，會發現她的評價大多是：「她認識每一個人耶！」她是一位連結高手。

但她並非一直如此。當葛羅莉雅從法學院畢業，剛開始工作時，她發現自己只是數千名擁有好學位和好工作的人之一。沒錯，她的履歷上寫著史丹佛大學和加州大學柏克萊分校，但這不足以幫助她在競爭激烈的職場中脫穎而出。如果公司發生任何狀況，或是經濟陷入衰退，她很容易就會被裁掉。

葛羅莉雅說：「有些基本的工作要求你必須達到——勤奮、聰明、反應靈敏、擅長寫作。但這並不表示他們不會裁掉你，他們可以找任何人來做這份工作。」

葛羅莉雅知道她必須讓自己「與眾不同」。雖然她是在安靜文化的價值觀中成長，在家中也被要求體現這些價值觀，但在工作時，她善用換框思考，更加倍注意如何與他人互動和運用時間。她在乎與人們建立連結，也喜歡促成他人彼此聯結。因此，經過一段時間之後，她有策略地拓展人脈，累積出一個龐大的人際網絡，並開始介紹彼此、促成合作。葛羅莉雅說，她投入去創造價值、聆聽他人需求的時間，最終讓朋友變成了客戶。

隨著人際網絡的擴大，葛羅莉雅也開始獲得更多在會議中發言的機會。身為一名年輕律師，她展示了自己的差異化因素，那就是她能言善道、善於清楚解釋法律，並能將法規與整體產業趨勢連結起來。她還擅長將客戶的需求，與她擁有的資源聯繫起來。

葛羅莉雅說：「我向他們展示了我的無形特質，這些特質很稀有。身為年輕律師，你不一定能帶來很多客戶，但你要如何展現特質呢？我會說：『嘿，我的朋友是這家公司的執行長，最近想知道這些法律問題，我可以介紹你們認識嗎？』或是『我受邀要在一場活動上演講，你願意和我一起上臺嗎？』」

葛羅莉雅意識到，她越常公開發聲，認識的人就越多，她的能見度也就越高，因此她的職涯品牌逐漸成形，就像一個越轉越快的飛輪。

「我不是那種成功的企業家人士……但我所有的朋友都是。所以我幫他們牽線，用一種獨特而有創意的方式幫助他們，當別人說：『嘿，你是葛羅莉雅的朋友』時，他們會加上：『她會幫你牽線。』這就是我給予他人的方式。」葛羅莉雅說。

「這也提醒他們，你不僅是個優秀的戰士，而且你還擁有一個與眾不同的社群和人際網絡。」

給聰明人的提醒

建立職涯品牌這件事，其實沒那麼難開始。你可以做的第一件事，就是簡單的問問自己：「你想被人怎麼記住？」

這裡有兩個快速問答，可以幫助你開始：

- 當別人聽到你的名字時，你希望他們想到的**詞彙**是什麼？（選三個）
- 你在工作中可以**做**些什麼，來展現這些特質？（列出三項具體行動）

就這麼簡單！以「你想被記住的方式」為出發點，就能成為你展現自我理想形象的指路明燈。現在就開始塑造你的職涯品牌吧！

POINT

本章重點

◆ 打造我們的職涯品牌，是安靜資本框架的第一個支柱。

◆ 職涯品牌就是我們的聲譽，是當我們不在場時，人們對我們的正面評價。

◆ 如果我們不去塑造自己的職涯品牌，其他人就會幫我們定位。

◆ 塑造職涯品牌的四步驟：

・第一步、找到你的核心價值。

・第二步、辨識出你的差異化因素。

・第三步、將才能與機會連結。

・第四步、擴大你的影響力。

第五章

建立可信度

——在職場中贏得尊重和信任

「媽，幫幫我！」我在房間裡大喊。

那是一九九五年聖誕節的隔天，我和弟弟艾瑞克正忙著玩剛收到的樂高玩具，但三十分鐘後，我們就卡關了。

「我知道怎麼做！」媽媽進來時，弟弟正在說：「我告訴過你了，那一塊放在這裡。我以前組過，我知道怎麼做！」

我本能的不理會弟弟的建議，看著媽媽。身為姊姊，我想如果我都搞不清楚，弟弟肯定也搞不清楚。

「怎麼回事？」媽媽說。

「我覺得這塊應該放在這裡，但是

艾瑞克說它應該放在另一邊。你能幫我們看看嗎？」我回答道。

我媽媽拿起樂高積木，但很快又放下。

「我不太確定，但艾瑞克，聽你姊姊的話。」

在一個亞洲家庭裡，我媽媽默認身為姊姊的我是領導者，這並不奇怪。在家中，大家都知道弟弟應該聽我的話，因為我年紀比他大。這是傳統，也是表達尊重的方式。對於許多在安靜文化中長大的人來說，我們對權威的敬畏源自於此，因為在家中和職場，聽從較年長者的意見是理所當然的事。這就是為什麼在我初進職場的早期，看到一些外向文化的同事，會與辦公室裡較資深的人討論、挑戰，甚至爭論，我會那麼驚訝了。他們會挑戰做事的方式、拒絕交辦的任務，甚至直接說他們有更好的想法。我心裡想：「他們怎麼可以這麼大膽？他們怎麼能如此毫不掩飾的質疑權威？他們難道不怕因此被責罵嗎？」我心中的安靜文化完全無法理解這一點，但也許更令人震驚的是，我看到那些同事並沒有因此被貶低，反而是因為擁有強烈的觀點而受到尊重。看到這種職場互動時，我感到非常震驚，因為這與我所學到的完全不同。

但我們先回到聖誕節後的那個早上，對於當時五歲和七歲的孩子來說，眼前的情況可是「人生大事」。我媽媽試圖解決我和弟弟之間的難題，她自然而然的用她習慣的方式解決。然而，雖然我弟弟比我小，但說到玩樂高，他比我更有經驗。我還記得，從眼角餘光看去，他坐在一旁看著我胡亂嘗試，大概還無奈地翻了白眼吧。

我分享這個小故事，是因為它點出了來自安靜文化的人的真實經驗——我們常用「輩分」來決定自己應該怎麼與人互動。在職場上，我們看到對方比我們年長、年資長或頭銜高，就會自動讓步，照著他們說的做。事實上，有一個詞可以形容這種對等級的重視：「權力距離」（Power Distance），也就是人們傾向於去思考自己的等級、權威，以及在社會階層來了解自己，還有我們應該如何表現。在**高權力距離**的文化中[26]，低階層的人會安安分分的服從高階層的人，把他們說的話視為真理；但在**低權力距離**文化中，不論其背景或頭銜為何，每個人都會受到同等的對待。舉例來說，在外向文化的職場中，資歷較淺的分析師因為擁有獨特的經驗或觀點，在決策過程中擁有相當大的影響力，並不足為奇，而且每個人都認同這一點。

這就是我們在安靜資本框架的第二個支柱：**建立可信度**。對擁有安靜文化特質的人來說，學會建立可信度相當重要，因為我們必須重新思考如何讓別人「看見」我們的價值。

現在的我們可能會順著本能，成為「權威偏誤」的受害者，認為誰是有權者，誰就永遠是對的。同樣的，我們可能會貶低自己的貢獻和專業知識，只因為他們的頭銜，就認定他們知道得更多。或者，我們可能會在高階主管面前感到害怕、害羞和膽怯，但事實上，沒有必要這樣，尤其是我們明明知道自己說的是對的。

學習如何建立可信度，可以讓我們掌握正確的工具，就不會因為資歷較淺，而覺得自己不如人。就我個人而言，我花了很多年才摸索出如何策略性的建立自己的可信度和自信心。因為我知道在外向文化的職場中，一味的同意、安靜遵守規則和聽從他人的意見，對於建立我的可信度和專業度毫無幫助。

那麼問題來了：什麼是可信度？要如何在工作中建立可信度呢？

根據領導力專家詹姆士．庫塞基（James M. Kouzes）和貝瑞．波斯納（Barry Z. Posner）的說法，可信度就是聲譽，是經過一段時間才能贏得的。此外，我們也需要贏得信任和尊重[27]，否則，別人不會聽我們的話，也不會相信或追隨我們。

可信度＝尊重＋信任

為了進一步分解這個公式，讓我們具體看看尊重和信任是如何建立起來的，以及在職場中我們可以怎麼展現這些特徵。在下面的章節中，我們將深入探討如何獲得尊重，以及如何在團隊面前建立信任，包括如何在棘手的情境下站穩立場。簡單來說，就是問自己這兩個問題：**我們在做什麼？我們在說什麼？**

尊重：來自我們的行動

「尊重」這個詞可以有很多含義。尊重他人，尊重其想法、個性、界限和信念。不過，有一點比較少被提及的是，尊重也可以透過我們所採取的行動來培養。尊重不只是被動地發生，而是可以透過我們所做的事情和表現出來的行為來主動獲得。

還記得我們在第二章中提到的鄭雪麗嗎？我們談到她在高風險的情況下，在她的團隊面前終止了一個重要的專案。一旦處理不好，她的可信度可能會受到影響，她必須小心謹慎的處理，避免讓整個團隊措手不及。因此，她花了一些時間，一步步用問題引導他們，最終讓他們自己意識到不可能達成目標。雪麗的故事是「處理衝突」和「與他人互動」這兩種換框思考應用在職場的絕佳例子。

然而，在我與她的對話中，她也分享了一個故事，讓我了解到如果我們的行動不符合文化脈絡時，可能會產生意想不到的後果。

雪麗在安靜文化中長大，她說只要家中有長輩或客人，她的本能就是表現出好客和樂於助人，尤其是對長輩。她會主動去準備點心或倒水，表示對長輩的尊敬。在安靜文化中，這是一種很貼心的舉動，甚至是一種理所當然的行為，但這套行為模式被帶進外向文化的職場時，卻給人截然不同的印象。

雪麗說，她大學畢業後在一家投資銀行工作時，有一天她被拉去與總經理和客戶開會。當她坐下來時，發現桌上沒有水。她本能的立刻起身，問在座的人是否想喝點什麼。

「那是一種反射動作，我很自然的就做了。」雪麗回憶說。

她迅速跑出去，拿了水，放在桌上給大家喝。這件看似無傷大雅的事，卻造成了意想不到的後果。那次會議結束之後，總經理把她拉到一邊。

「他說：『我不想再看到你問這種問題了。』」雪麗回憶說：「他說當我這麼做的時候，就是在強調我『很菜』的印象。」

雪麗驚訝於自己的行為在別人眼中成了不成熟、定位不清的表現。但她很快就理解了總經理的意思：在這種面對重要客戶的關鍵時刻，她應該把握每一秒鐘的曝光時間，展現強烈的專業印象。

「他說：『如果想讓人們**尊重**你，就必須思考你傳遞出的每一個訊號。』」

那麼，我們該怎麼做才能在職場中展現我們有能力、值得尊重呢？把工作做好是最基本的，成果不能漏洞百出。如果我們的工作成果低劣或充滿錯誤，那麼想要贏得同事的尊重就毫無意義。

但同樣重要的是，我們該如何有意識的採取行動，讓別人尊重我們和我們的能力？答案就在於我們在別人面前表現自己時，要同時兼具**品格導向特質**和**專業導向特質**。「品格導向特質」包含可靠性、準時性和同理心。我們準時出現、傾聽他人，並且展現我們的存在感和參與感。「專業導向特質」包括能力、溝通和解決問題的技巧。就像我們「展現成就」的換框思考提到，我們必須適時展現自己的專業，而不能假設人們自然會知道。事實上，讓別人「看見」我們的專業，正是建立尊重與信任的關鍵。正如雪麗的總經理所說，我們必須思考自己傳遞出的每一個訊號，尤其是在高壓和關鍵時刻。

以下是一些展現專業導向特質的例子：

- 在會議開始前主動與周圍的人輕鬆交談，讓自己展現出存在感。
- 主動談論與產業相關的新聞，展現我們對市場的了解。
- 主動爭取發表簡報機會，發聲讓人看見。
- 在實體會議中，坐在較顯眼的位置，而不是隱藏在後面或角落。
- 在虛擬會議中，確實開啟鏡頭，並確保畫面清晰、燈光和背景乾淨且專業。

這些行為並不刻意誇張或炫耀，但都是有意識的選擇。透過這些方式，讓別人看到我們的行為和表現時，認同我們就是這個領域的專業人士。

對雪麗來說，事後回想，她才明白那時應該做的不是去拿水，而是與客戶閒聊、談論最新的市場趨勢，或是採取任何行動來證明她是團隊中重要的一員——因為她確實是。至於那些水，比較好的做法是請接待人員準備，而不是自己親力親為。當身邊有別人時，我們的存在以及所表現出來的行動，就是建立尊重的基礎。

信任：來自我們說的話

在美國，每位駕駛人都必須購買汽車保險。根據市場研究機構 IBISWorld 的資料，汽車保險業的整體規模高達三千一百六十億美元。對我們大多數人來說，每年支付這筆費用很痛苦，但是當我們需要它時，就會非常感激我們擁有保險。花費時間和精力談論我們的工作，就像購買汽車保險一樣，我們可能會覺得它很多餘，但一旦情況變糟的時候，它可以保護我們。

很明顯，在事情順利的時候，要談論我們的工作比較容易。我們心情很好，也很有自信，簡單的一句「讓你知道一下」就能交代清楚。但當出了問題時，我們該怎麼辦？我們該如何針對目前狀況去溝通，又不破壞別人對我們的印象？

答案是：儘管困難，我們必須加倍努力溝通整個過程。如果不那麼做，**信任**就不會存在。就跟尊重一樣，在他人信任我們和我們的專業知識之前，我們必須滿足一些基本門檻：信任是建立在誠意之上，而且也需要時間培養。如果談的是溝通，「讓他人知道我們正在做什麼」就是關鍵。

身為一名年輕的記者，我在這方面學習得很辛苦。當事情卡關時，我沒有先去找人溝通，反而是試著獨自解決問題，因為我害怕自己看起來很無能。但結果是，我與團隊之間的信任感，一次又一次地崩塌。有一次，我告訴主管我會在某個時間點交出一篇新聞報導。但是那天早上，我發現我的工作排得太滿了（是的，我總覺得自己必須要做很多工作，來證明我很勤奮）。那一天，我顯然是高估自己了，我遇到了很多問題，不得不花時間去處理。我沒有找人談論這個問題，而是陷入安靜文化的習慣模式——把問題藏在心裡，試圖自己解決。但這樣一來，我就延誤了時程，導致我錯過了截稿日期。在電視圈，錯過截稿日期會引發連鎖效應，導致主管必須在僅剩的時間裡，重新調整每個人的排程，這簡直是不可能的任務。事後看來，我應該做的是一邊處理問題、一邊提前告知我的狀況不太妙，也許主管和我可以一起解決問題。但由於我沒有這樣做，結果弄得一團糟，而他對我的能力和可信度也打了折扣。

不願意與人發生衝突，怕丟臉或怕麻煩的想法，這些都可能成為一股強大的力量阻止我們，尤其是對於安靜文化特質的人來說。然而，我們與外向文化同事之間的差別，在於他們承認並接受棘手的對話無可避免。他們知道這只是工作的一部分。他們不是因為覺得容易才開口，而是知道如果太晚處理，會導致大家都措手不及。他們想要主動解決問題，就像他們是在進攻，而不是被動防守。但對於我們這些在安靜文化價值觀中長大的人，想要維持和諧的環境、不要丟臉或不要讓別人失望的願望，反而讓我們不敢說出來，甚至逃避處理眼前的問題。但摧毀人們信任最快的方法，就是在情況已變得不可收拾的時候才讓他們參與，或是根本就不讓他們知道發生了什麼事。

徐梅是美國最受歡迎的香氛蠟燭品牌之一「乞沙比克灣蠟燭」（Chesapeake Bay Candle）的創辦人，她跟我分享了一次尷尬的經驗，也正好說明了「事情卡關卻不說清楚」會帶來什麼後果。徐梅是我們 Youtube 頻道《Soulcast Media | LIVE》的嘉賓，她分享了她與最大客戶目標百貨（Target）的一次合作經驗。

乞沙比克灣蠟燭當時還是一家小公司，因此對於能與大型零售商目標百貨合作，讓徐梅感到非常興奮。她知道這是一個可以改變公司命運的機會，因此，當目標百貨問她能否出貨一百萬美元的蠟燭訂單時，她迅速聯絡了在中國經營工廠的姊姊，確認是否可行。她們一致認為必須抓住這個機會，必須一舉成功。

「當然，沒問題。」徐梅對目標百貨的採購代表說。

這對姊妹從小就養成了安靜文化的特質，她們把取悅新客戶當成首要任務，因為目標百貨擁有強大的購買力，所以她們視客戶為「上位者」，拼命表現出一切順利的樣子，不想讓對方失望。但事實上，卻是一片混亂。由於所需的樣式、玻璃容器和蠟材種類繁多，他們的工廠沒有能力處理如此大的訂單。徐梅說，與其把製造和供應的問題拿出來溝通，當時她更傾向於安靜文化特質——什麼都不說，來避免衝突。她和團隊嘗試自己解決問題，但截止期限卻越來越難趕上。徐梅反思，自己那種不善溝通，甚至完全不溝通的方式，造成了大量的誤解與不信任，還會讓人覺得她們在耍心機、不夠坦誠。

徐梅回憶說：「對於一個直率的美國中西部人來說，這樣的誤導陳述等同欺騙。」

「只過了一季，目標百貨的採購人員、商品企劃和經理們就教會了這位害怕衝突的亞洲人，不僅要溝通，而且『溝通再多也不嫌多』。」她說。

在這次經驗之後，徐梅表示，她學會改變自己的溝通方式，不再聚焦在她與採購方之間的權力距離，而是將彼此視為合作夥伴，共同努力。這種觀點的轉變，讓她更能坦率說明狀況，也讓她與目標百貨之間的合作關係建立了更穩固的信任。

談論我們的工作和正在發生的事情，不但是聰明的做法，更是一種策略。尤其是當事情進行不順利時，讓他人知道發生了什麼事，並坦誠相告，是建立並維繫信任的最佳方法之一。

當我們說明卡關的地方，就給了其他人介入並提供幫助的機會。當我們以一種「一起想辦法解決」的心態來處理問題，而不是以「太遲了、來不及了」的反應來處理時，給人的印象就會截然不同。我清楚了解到，領導者們毫無例外更喜歡前者。

接下來，我會進一步介紹：當我們遇到棘手狀況時，該怎麼說、怎麼做，才能有效建立信任、維持職場聲譽。我們將利用「TACT溝通框架」這個方法。

TACT溝通框架

在外向文化的職場中，建立可信度需要付出努力。我們知道可信度是靠贏得他人的尊重和信任而累積起來的，而要讓人尊重與信任，「深思熟慮」和「策略性」是關鍵。同樣的，當情況不如預期時，要成為有技巧的溝通者，我們必須知道如何以敏銳謹慎的態度傳達消息，才不會喪失我們的可信度。

要做到這一點，了解「有效溝通」與「適當溝通」之間的差異會很有幫助。有效溝通是提供所需的資訊，讓其他人知道發生了什麼事；適當溝通則是考慮當下情境的脈絡[28]。例如，在**發言之前**，先掌握誰會參與會議，以及會議的目的是什麼；而有效溝通則是在**發言的同時**提供數據和證據，來支持自己的觀點。對於我們許多人而言，在處理困難的情況時，可能從未以這種方式來細分自己的溝通方法，但這其實是一個更全面、更有效的表達方式。

那麼，我們該如何在職場中應用這個方法，以及它是怎麼表達呢？此時我想介紹的是「TACT溝通框架」。TACT是一套有順序的思考步驟，能幫助我們兼顧「適當溝通」與「有效溝通」，建立策略性的表達計畫。TACT四個步驟分別是：暫停一下（Take a moment）、闡明過程（Articulate the process）、提出解方（Communicate solutions）、一起討論（Talk it out together）。

T——暫停一下

當我們意識到事情沒有按計劃進行，並開始感到焦慮時，身體就會繃緊，大腦也會開始不停地演練各種可能的情況。那些認同安靜文化的人，通常特別容易感受到這種緊張，因為我們對衝突很敏感。這時候，我們必須暫停一下，承認雖然想要避免衝突，但逃避只會更快讓自己失去信任。因此，我們需要花點時間轉換思維，運用「處理衝突」的換框思考，來評估當前的情勢。因為重點

TACT 溝通框架

T	暫停一下
A	闡明過程
C	提出解方
T	一起討論

並不是要避免衝突，而是要花點時間來檢視現況，以便釐清狀況。

A——闡明過程

接下來，我們必須向對方說明到底發生了什麼事。這裡最忌諱的是一開口就直接丟出壞消息，因為可能會引發意想不到的誤解，反而被認為你反應過度，或是還沒搞清楚狀況就急著求援。因此，我們應該反過來問問自己：

- 對方已經知道什麼？
- 我們已經做了什麼？
- 我們目前面臨的問題是什麼？

這些問題的答案，可以讓對方更加了解已經發生的事情。這就是前面提過的適當溝通，因為我們正在仔細評估發生了什麼事、正在發生什麼事，以及如何以最好的方式傳達。這對於維持我們的可信度至關重要，因為對方知道得越多，他們就越能了解事情為什麼演變至此。

以前面兩個故事為例，讓我說明如何闡明過程：

【徐梅與目標百貨的故事】

我們開始生產了某數量的蠟燭，但我們想讓您知道，我們在製程中遇到了一些意料之外的問題，可能會推遲我們的截止日期。我知道這不是您期待的結果，但我們正在採取步驟ABC去處理。我們希望對您完全透明的溝通，讓您知道目前發生了什麼事。

◆ 備註：誠實、分享已採取的行動、不過度承諾。

【我的報導截稿日故事】

我已經花了好幾個小時在寫這篇報導，卻毫無進展。我已經聯絡了A、B和C，但都還沒有回音。我想先跟你說一聲，讓你知道我們可能需要一些調整。

◆ 備註：說明已經做了什麼、預告可能的結果、語氣真誠。

C——提出解方

在闡明過程之後，就是提出解方的時候了。要維護我們的可信度，不僅要丟出問題，還要主動提供解決方法，這是關鍵的一步，也就是之前討論過的「有效溝通」。雖然主管有最後的決定權，但事先準備一些選項還是很有幫助。這顯示我們有在思考，並將他人納入考量，且認真嘗試解決問題。

同樣使用先前的範例來說明這一點：

【徐梅與目標百貨的故事】

與此同時，我會與我的團隊討論B計劃，下週再跟您回報進度。

【我的報導截稿日故事】

我已經重新搜尋過了，我認為另一個故事（A）可能是可以考慮的另一個方向；或者我們也可以考慮這篇（B），因為我記得大家也對那個主題有興趣。

在職場上，提出解方是我們維持可信度的關鍵部分，因為這表示儘管面臨困難，但我們並沒有躲起來，逃避問題——我們沒有停止思考。

不過，你可能會想，如果問題還沒有解決方案呢？如果你仍在嘗試解決問題呢？這時候可以把你的思考過程做即時溝通，例如，提供不同的思考路徑，並說明這仍在進行中。你也可以加入「我正在進行思考」或「我現在是邊想邊說」等語句，這表示你決心要解決問題，但是仍在構思你的做法。你可以藉由這樣的方式，來表現出你想成為一個解決問題的人，而不是把問題甩給別人。

T——一起討論

TACT框架的第四個步驟，是讓對話留下討論的空間。透過提出開放式的問題，來達成一起討論的目的。這一點非常重要，因為它可以做到三件事：創造可以進行討論的空間、增進相互理解，以及讓對方也參與決策過程，這會建立一種透明、開放的溝通文化。

以下是一些例子：

- 你認為這樣可行嗎？
- 還有什麼要補充的嗎？
- 你有什麼想法？

總有些時候，我們會在最意想不到的情況下，不得不參與困難的對話。舉例來說，主管忽然把我們叫進去開會，或是突然打電話來，問一個沒有事先準備的問題。又或者，同事在團隊會議中把我們叫上臺，要求我們立刻提供資訊。在這樣的時刻，我們就像被聚光燈照著的小鹿。對於那些來自安靜文化的人來說，心可能會開始怦怦直跳，甚至下意識點頭同意，只想趕快結束。

在這種情況下，練習TACT框架就很重要。即使所有的目光都集中在我們身上，「暫停一下」（T）讓我們不會逃跑或躲藏，「闡明過程」（A）顯示出自己的參與，「提出解方」（C）展現出解決問題的技巧，「一起討論」（T）可以把對話延伸成團隊參與。

重點不是你講得多大聲，而是你是否表達得夠有技巧。建立我們的可信度，不只是我們做了什麼，也包括我們說了什麼以及怎麼說。

創造自己的電梯簡報

在本章中，我們談到尊重和信任，是建立和維持職場信譽不可或缺的要素。也談到當問題發生時，我們該如何溝通。然而，建立可信度有一個起點，從我們認識一個新對象的那一刻就開始了。無論是在會議、電話或活動中，當我們第一次與某人見面時，就有機會塑造對方對我們的初步印象。沒有人會真的說出來，但是他們第一次見到我們時，很可能就在分析我們想說什麼。除非我們是透過一位值得信賴的人被引薦給對方，否則他們會在心中衡量，值不值得花幾分鐘繼續跟我們聊下去——尤其是當他們不認識我們的時候。事實上，當我們在認識新的人時，很可能也有同樣的想法。這不是惡意，而是人類的天性。

因此，精心設計「電梯簡報」，可以讓我們擁有競爭優勢，尤其是在新環境中。電梯簡報不一定要很長或多次排練，但有一個框架，可以幫助我們建立可信的第一印象。值得注意的是，在求職面試中，除了準備各種面試題目，我們也應該練習自己的電梯簡報。

要創造一個充滿說服力的電梯簡報，首先必須運用「展現成就」的換框思考。我們不需要以誇張或炫耀的方式談論自己，而是擁抱和分享我們正在做的傑出工作，以及它如何造福他人。更明確的說，我們必須以一種讓人們想關注的方式，來包裝自己的成就。最重要的是，優秀的電梯簡報要清楚明確，而且足夠有趣，讓別人想知道更多。

劉南茜（Nanxi Liu）是資訊公司 Blaze 的共同創辦人兼共同執行長，這是一家讓人不會寫程式也能開發應用程式和工具的公司。在二十五歲之前，她已獲選《富比士》（*Forbes*）雜誌「三十位三十歲以下傑出年輕領袖」（30 Under 30），並已成功創立兩家公司。在大學畢業的十年內，南茜的第二家公司 Enplug 被全美知名顧客體驗科技公司 Spectrio 收購。如果說她年紀輕輕就已經建立了科技與商業專家的形象，實在一點也不為過。很多年輕的專業人士可能會因為覺得自己年紀輕或經驗太少，而迴避談論自己的工作，但南茜卻沒有讓她的年齡，甚至是權力距離，阻擋她的腳步。

「我在大學四年級時，就成功說服投資人投資我們的團隊。」她在某次 Zoom 通話時跟我分享：「其實建立可信度這件事，有時只需要一些小亮點。」

南茜說到，當她還是個學生時，雖然沒有一般人認為具可信度的傳統職場經驗，例如數十年的工作資歷或知名的企業頭銜，但她沒有淡化自己擁有的特質。在交流活動中，她驕傲的分享自己是加州大學柏克萊分校的學生，曾獲選擔任學校領導職務，並用課餘時間製作一個ＡＰＰ，已有兩千多人下載。對大投資人來說，這些事聽起來可能不算什麼，重點是她營造出一種形象——她是個積極進取的人。正如我們在上一章〈打造個人職涯品牌〉中提到，正是這些無形的技能讓我們變得不可或缺。畢竟，如果連自己都說服不了自己做的事情有價值，那我們又怎麼能說服別人呢？

要打造電梯簡報，並不需要你外向或說話誇張。你仍然可以保持謙虛，同時堅定的分享你的工作成果及貢獻，其他人很快就能看到它的價值。

為了組成你的電梯簡報結構，我們將把它分成四個部分：預告、標題、正文和精華。事實上，這個結構的靈感來自新聞媒體吸引觀眾注意力的方式。以下是這四部分的詳細說明：

1. **預告**：喚起對方情緒的幾句話，以吸引他人的注意並定調。這部分要針對你的聽眾及他們所關心的內容而設計。

2. **標題**：提出你獨特且能讓人印象深刻的重要成就。展示你所做工作的獨特之處，並給他人留下深刻印象。
3. **正文**：舉例佐證你的成就，包括數據或故事，幫助對方了解脈絡。
4. **精華**：讓對方知道你能帶來什麼價值，或一個延續對話的提問。

以下是一個實例，展示面試中的電梯簡報聽起來是什麼樣子，才可以展現我們的能力：

面試官：賴瑞，能簡單介紹你自己嗎？

賴瑞的電梯簡報：很高興能來到這裡，我很樂意分享（**預告**）。我在 Google 擔任軟體工程師已經快五年了（**標題**）。我在支付平臺團隊工作，協助管理 Ads、YouTube 和 AdSense 帳戶，這些平臺每年處理數十億美元的交易（**正文**）。這個工作很棒，但我開始探索新創公司的世界，因為我知道我可以帶來很多貢獻，也很樂意分享（**精華**）。

以下是另一個在座談會中做電梯簡報的範例：

主持人：珍妮，你能和我們的觀眾分享一下你自己，以及你所做的工作嗎？

珍妮的電梯簡報：我很高興今天能來到這裡，與大家共度這個下午（**預告**）。我研究機器學習和人工智能的社會影響已經超過十年了。我們和瑪格麗特一起在加州成立了全球第一個專注於AI對環境影響的研究機構（**標題**）。自創立以來，我們一直在探索這些核心議題：如何利用AI對抗氣候變遷、AI最集中的產業是什麼，以及它的潛在弊端（**正文**）。我很興奮能與今天在場的各位分享更多我的研究成果（**精華**）。

閱讀這兩個例子後，你會發現建立優秀的電梯簡報的關鍵，在於將預告、標題、正文和精華有邏輯地串在一起，讓它們形成一個清晰的訊息。這兩個簡報都提供了足夠的資訊，讓對方能快速了解你是誰、你的成就以及可信度。同時也能引起對方的好奇心，讓他們想更認識你。

為了幫助你建立自己的電梯簡報，請回答下列問題：

- **預告**：你希望對方在與你交談之後有什麼感覺？可以用下列字眼：興奮、快樂、期待等描述。你也可以利用其他字眼，例如：關心、震驚或困惑等，以製造緊迫感並定下對話的基調。

- **標題**：你做過哪些很棒的事？可以強化你來此的原因，並顯示你的專業。不要迴避使用能引起觀眾共鳴的關鍵字。
- **正文**：你可以分享哪些具體內容來支撐這個亮點？包括事實、數據和實例來證明的說法。
- **精華**：如何結束你的陳述？讓對方知道你能提供什麼價值？最簡單的方法就是預告你想要談論的內容。

最後，成功的電梯簡報關鍵在於：簡潔、有內容，不會讓人覺得咄咄逼人或帶有推銷意味。一個好的電梯簡報，是要成為更多對話的催化劑，它本身只是開啟對話的起點。當你為自己的工作感到驕傲、知道自己的工作很重要，並針對他人所關心的事來表達要說的話，如此一來，你就能在外向文化的工作環境中脫穎而出。我發現那些清楚自己工作影響力的人，往往可以快速建立可信度，並留下深刻的印象。

在安靜團隊中的外向人

克麗斯提娜・泰斯（Christina Tess）是個不喜歡說廢話、直言不諱的人，她認為自己是在外向文化價值觀下長大的人。和她花幾分鐘的時間聊聊，你就會知道：她喜歡談論她的工作、愛與人熱烈的討論，她也不吝於表達需求。在紐約市工作時，她很喜歡辦公室的外向文化氣氛，因為這裡的一切都很符合她的互動風格，也幫助她在職場中迅速晉升，輕鬆建立自己的可信度和職涯品牌，展現出積極進取的形象。但是七年後，克麗斯提娜因為私人因素必須搬到加州，於是她找到一份新工作，在矽谷一家頂級投資公司擔任營運主管。

在我們第一次通話時，克麗斯提娜說：「這家公司的人都說我講話時很有壓迫感、很咄咄逼人。我其實是希望人們在我身邊時感到自在，也希望我在他們身邊時感覺自在。」

在新公司工作不到一年，克麗斯提娜發現自己的外向文化特質，雖然在紐約辦公室相當受用，但在舊金山辦公室卻讓人反感。在這個新環境，她發現許多同事都表現出傾向於安靜文化的行為，所以當她興奮的加入一個討論時，總會無意中毀了討論；她說話時，常被認為非常大聲，而且帶有指責的意味，無形中讓對方感覺「不被歡迎參與對話」。

克麗斯提娜說她並不想這樣，但她意識到自己的溝通方式對團隊產生了負面影響，也傷害了人們對她的看法。

與我合作過的大多數客戶不同，克麗斯提娜希望得到的幫助是「在安靜文化團隊中重新調整她的外向文化價值觀」。這並不是要她活出安靜文化的特質，因為那會讓她覺得不像自己。相反的，她需要做的傾向於換框思考，特別是「與他人互動」，這樣她就可以專注於她的聽眾和房間裡的其他人，而不僅是關注自己想說什麼。

在接下來的幾週，我們研究了在會議中如何讓她跟同事互動時更有同理心，包括閱讀空氣的能力。我們討論了她要怎麼巧妙的加入到對話中，而不會讓其他人覺得他們的想法沒那麼重要，以及注意自己的語氣（我們會在第三部分討論更多關於語氣的問題）。

隨著時間推移，克麗斯提娜利用換框思考的方法，從看似粗暴的挑戰和辯論方式，轉變為更關注他人、理解對方在意的事，並根據這些調整自己的語氣。這完全改變了她與安靜文化團隊的互動方式。關鍵不是要她閉嘴不談，而是在她目前所處的文化背景下，重新思考表達想法的方式。

「我現在開會時更有自信了。」在我們一起工作幾個月之後，克麗斯提娜說：「我以前不知道該怎麼表現，但現在我明白了，閱讀現場空氣並在適當的時候插話，有助於我被認同、接納為這個深思熟慮的團隊成員之一。」

在克麗斯提娜意識到自己遭遇的摩擦，只是彼此對「表達方式的期待」不一致，她就感到如釋重負了。換框思考幫助她以更全面的方式表達自己的想法，讓人們更容易接受她的建議。結果，她在外向文化中輕易建立的可信度，現在也可以在安靜文化的團隊中實現了。

給聰明人的提醒

建立我們的可信度，是一個永無止境的過程。關鍵是要隨時留意周圍的人以及他們在意的事情。觀察一個空間內的互動氛圍，尋找言語和非言語的暗示。這將確保我們能以最適當的方式表達自己，否則可能會危及我們辛苦建立的信任感與聲譽。

POINT

本章重點

- 建立可信度是安靜資本框架的第二個支柱。
- 在安靜文化中，可信度通常來自於年齡和階級；在外向文化中，可信度是透過他人持續給予尊重和信任累積而來。
- 尊重來自我們採取的行動；信任來自我們所說的話。
- 當事情不如預期時，清楚溝通現況，往往可以維持我們在職場上的信任感。
- TACT溝通框架能幫助我們有邏輯、清晰且有意識地傳達訊息：暫停一下（T）、闡明過程（A）、提出解方（C）、一起討論（T）。
- 有效的電梯簡報應該簡潔有力，讓對方想知道更多。

第六章

為自己發聲

——爭取我們想要的事物

我的心跳得很快，雙手緊緊握著手機。我正要打電話給老闆，向他請求我夢寐以求的事：代班主播。

身為一名年輕的電視記者，我一直夢想著有一天能擔任一整段新聞播報的主播，因為對許多業內人士來說，這被視為最重要的角色，代表你成了電視臺的「顏面」，也象徵你有足夠的技巧和專業知識來吸引觀眾的注意。但在那時候，我只在幕後練習過主持。幸好有同事們的幫忙，他們下班後很晚才回家，就為了陪我練習閱讀提詞機，幫我錄製一段示範影片。毫不意外地，我練習得越多，就越渴望有一天能真正上場。但我也知道我不是唯一有這個夢想的人，我的大多數同業也想要這個夢寐以求的機會。幾個月來，我看到他們每個人都得到了這個機會。

「他們怎麼拿到的？是主管給他們的嗎？他們是不是比我更應該得到這份工作？」這些都是在我腦海中縈繞的問題和疑惑。但在內心深處，我知道答案——他們得到了他們想要的東西，是因為他們**開口要求**。更重要的是，他們**持續不斷地爭取**。

當我們想到自己想要的東西時，不論是個人或職業上的，有哪些原因讓我們裹足不前，不敢開口？或者，我們鼓起勇氣去要求，又會懷疑是否要求一次就夠了？還記得我的故事嗎？當美國空軍空中表演中隊雷鳥來到我們城市時，我舉手要求採訪，卻被忽略了；或是凱文，一位因為努力工作而期待升職的資深員工，卻被主管忘記的故事。這兩個故事都突顯出我們許多人在成長過程中，都具有安靜文化的特質，誤以為只要問一次就夠了，或是只要努力工作，就能成功。

然而，我們現在知道，要得到自己想要的東西，就必須轉換思維，並且採取行動。在此，我們將進入安靜資本框架的第三個，也是最後一個支柱：為自己發聲。我們從「塑造職涯品牌」和「建立可信度」中學到的所有知識，要來用於實際爭取我們想要的東西。我們還將深入探討如何持續追蹤、展示我們的成果，並懂得自在說「不」。簡而言之，我們將學習如何要求、回顧、慶祝，以及在有必要時拒絕工作，我稱之為「ＡＣＣＴ行動原則」，是我們為自己爭取權益的方法。因為在外向文化的工作環境中，不能指望別人為我們發聲。我們必須善於為自己尋找和創造機會，並主動將此融入日常工作中。

以下是ＡＣＣＴ行動原則的概覽：

- Ａ：提出請求（要求我們想要的東西）
- Ｃ：主動追蹤（讓別人記得我們）
- Ｃ：展示成就（分享我們的成就）
- Ｔ：學會拒絕（適時說「不」）

掌握這四個原則，並學會如何有效執行，讓我們更容易發聲和站出來。儘管知道這些事情很重要，但由於安靜文化價值觀的影響，我們可能不知道該如何去做，所以最終根本沒有做，或是草草了事。在本章中，我們將詳細介紹這四個原則，幫助你在工作中需要為自己爭取權益時，知道該說什麼以及如何說。

提出請求：讓他人看到你要求的價值

讓我們回到本章開頭的故事，我正準備打電話給老闆，要求當代班主播的那一刻。隨著電話鈴聲響起，聽到他的聲音傳來，我立即用最開朗的語氣說：「嗨，納森！謝謝你撥空和我聊聊。我想請教一下，我其實想了滿久了——我對主播很感興趣，想問問看週末有沒有空檔可以讓我代班一次。」

電話那頭沉默了。

終於，老闆回應：「嗯，我們現在有很多人在輪流，但我會記住你的。」

「噢，好的，太好了，謝謝！真的很感謝你抽出時間。」我說，甚至還來不及說再見，我就掛斷了電話。

電話結束時，我感到既輕鬆又不安。首先，我在心裡給自己掌聲，因為我鼓起了勇氣提出要求。但是，我也覺得自己在提出要求時沒講清楚，甚至沒有去解釋我為什麼有興趣。當時我腦中一片混亂，只想趕快逃離那個情境。在那一瞬間，我知道我必須要更擅長提出要求，因為未來肯定會有更多像這樣的時刻。

對我們這些來自安靜文化的人來說，直接開口爭取自己想要的東西，可能是很具挑戰性的一件事，因為我們的天性不喜歡以直接明確的方式溝通。在溝通世界裡，我們會用「高語境」（high-context）與「低語境」（low-context）來區分這兩種表達風格，這是人類學家愛德華·霍爾（Edward Hall）提出的概念。在低語境溝通中，人們用很直接的方式表達自己的想法，說什麼就是什麼，訊息沒有太多隱晦之處。簡單來說，就是「先告訴對方你打算說什麼，然後說出來，最後再重申一次你說了什麼」[29]。例如：「請更新這份 Excel 表，因為第四頁有錯誤，數字與資料不符。請在今天下午五點之前給我修正版。」雖然有點直接，但這個訊息並沒有含糊之處，清楚的傳達要求。

然而，在高語境溝通中，人們說話比較間接委婉，很多話不會明說，而是期待對方能理解「我沒說出口的話」。例如：「我看了一下 Excel 表，有些部分可能會讓人感到混淆。如果你有空的話，可以再確認一下資料嗎？可以的話，今天之內回給我就好。」你可以看到，在高語境對話中，要求比較含蓄，甚至會被誤解為截止期限是彈性的[30]。不過，了解高語境溝通的人，就能讀出字裡行間的意思，知道雖然沒有直接提出要求，但其實一樣重要。

根據我自己的經驗，以及多年來對職場溝通的觀察，我發現來自安靜文化的人，傾向於以高語境的方式提出要求，這可能是因為他們被教導這是禮貌的做法，或是認為這樣比較不強勢。我們必須牢記這一點，因為在外向文化的環境中工作時，一般都會預設「低語境」的溝通方式。

在我掛上電話的那一刻，就知道我必須更有意識地開口——也就是用低語境的方式提出我的要求。幸運的是，我不必費心尋找，許多資深同事在辦公室裡使用的溝通技巧都很值得借鑑，我可以模仿他們的做法讓自己更有說服力。他們熟練的運用了「與他人互動」的換框思考，在說故事與簡報時，總是牢牢記住聽眾的需求。觀看他們表達的方式，就像是上了一堂溝通課，也幫助我精進了自己的表達。

那麼，他們是怎麼做到的呢？他們總是在提出請求之前，先解釋提案的時機點，以及為什麼對方應該關心。他們會從對方的角度來包裝自己的請求，說明該請求對利害關係人（如製片人）有什麼好處，例如能獲得獨家內容，或任何競爭優勢。這種以對方為出發點的表達方式，讓他們的要求更有說服力，因為對方能夠立刻看到其中的好處所在。難怪這些資深記者的報導幾乎總是被採用，這並不令人意外：因為他們懂得談論「觀眾在乎的內容」。

換句話說，當你在爭取你想要的東西時，如何運用同樣的方法呢？我認為可以分成三個步驟：

1. 提出有力的理由
2. 對齊雙方目標
3. 解釋為什麼你是適合的人

為了弄清楚每一步該怎麼說，請回答下表中的問題。

提出請求時，重點是**永遠將對方放在請求的核**

目標	可以思考的問題
提出有力的理由	・為什麼是現在？ ・誰會受益？為什麼？ ・有任何支持你說法的數據或資料嗎？
對齊雙方目標	・你的利害關係人關心什麼？ ・這需要額外的金錢、時間或資源嗎？這些資源從何而來？ ・對組織或團隊而言，投資報酬率值得嗎？
解釋為什麼你是適合的人	・為什麼你適合做這件事？ ・為什麼你想要做這件事？

心位置。這代表我們要問對的問題，才能預測對方的反應，也更容易說出打中對方關注點的話。因為很多時候，當我們提出要求時，只有短短幾分鐘時間能讓對方理解價值在哪裡。如果他們看不出請求的價值，或問了我們答不出來的問題，他們可能會直接駁回我們的要求。因此，有策略的溝通方式，可以確保我們的溝通簡單直接，同時也能傳達我們的觀點。

說回我爭取做代班主播的事。幾個月過去了，我仍然沒有被叫上場。雖然這讓人有點洩氣，但腦海中的聲音告訴我，我必須和老闆重新討論這件事。有一天，當我和他結束另一個話題時，我輕描淡寫地又提出當代班主播的機會，但這一次，我把仔細思考過的答案嵌入我的請求中，讓它更有針對性、更直接、更清楚。

我開始說：「另外，我想再問看看接下來是否有機會讓我代班主播，我知道主播有時可能會休假或生病，所以如果發生這種情況，我很樂意前來幫忙，即使是我的休假日也沒關係。別擔心，我會在完成該做的工作之後來支援。我最近也錄了幾段練習影片，幾週前已經傳給你了。」

這裡我做了兩件事，我重新整理了我的訊息，並且提醒老闆我之前的要求。

我以實際可能發生的情況來說明自己的理由（建立有力的請求），預先指出老闆可能的擔憂——這不會影響我原本的工作（對齊目標），並直接給出答案。最後，我說明了自己提出請求的原因，也就是我對這份工作的興趣、承諾和奉獻（解釋為什麼是我）。和我第一次提出的方式相比，這次的表達更具份量、也更明確。

「謝謝你提醒我，我會看看影片和日程表。」納森回答道。呼！我心想。老闆的回應輕描淡寫，卻讓我意識到：有時我們內心的焦慮聲音，其實比外界的反應還要大聲許多。

幾個星期之後，我真的坐上了主播的位置，我非常高興自己有勇氣爭取權益。

對於我們這些在安靜文化價值觀中成長的人來說，特別容易因為想要顧及他人，而將自己的需求放在一旁。雖然這也是成為良好溝通者的一部分，但如果因此壓抑自己的渴望，反而會傷到自己。所以請換個角度想：**我們之所以開口要求，是因為那件事對我們很重要。我們要做的，是讓別人也覺得它很重要。**我們不應該因為害怕被拒絕，而不去爭取我們想要的東西。事實上，我們不應該把「不行」視為句點。相反的，我們應該將它視為一個提醒——我們只需要換個方式，再繞回來爭取就好。

主動追蹤：做好反覆爭取的準備

對某些人來說，光是鼓起勇氣開口爭取自己想要的東西，就已經很困難了，若再加上回頭多問幾次，就會讓人覺得簡直不堪負荷。要克服「再次開口」的心理障礙，我們必須意識到：最嚴厲批評我們的，往往是我們自己。我們感受到的恐懼、拒絕、尷尬、內疚甚至羞愧，雖然都是真實存在的情緒，但通常會因為我們的負面自我對話而變得更糟。

就像在第三章提到的「記者提問法」一樣，我們必須給自己空間，質疑最初的拒絕是否就是對話的終點，或只是我們假設對話已經結束？事實上，看見我們的恐懼與他人實際看法之間的差異，會很有幫助。我喜歡做下頁表格的練習，將「我的恐懼」與「別人實際可能的反應」進行比較。

這樣一對照，有助於減少我們「再次開口」時的焦慮。雖然這些恐懼都很真實，但他人的反應可能沒有我們想像的那麼負面。事實上，研究人員對於那些不願意多做追蹤，而是選擇讓事情順其自然的人，給了他們一個稱呼：「注重預防型」[31]，這類人傾向於採取安全的作法，偏好維持現狀。注重預防者的動機是不要失去已有的東西，他們覺得只要問

你的恐懼	對方的反應
我已經問過一次了，怕讓人覺得咄咄逼人。	・我聽見了，只是需要一點時間想一想。 ・我很高興你提醒了我。
我不想再向人求助，怕被人覺得我很沒用。	・我很感謝你主動提出來。 ・這次討論將有助於我們避免日後出現更大的問題。
我不想要求更多，怕被認為太貪心。	・我看得出來你對這件事很感興趣。 ・如果理由充分，我會考慮一下。
我不想詢問回饋意見，怕會讓人覺得很煩。	・我看得出來你很關心這件事。 ・你想讓事情變得更好。

一次就夠了，這種行為模式常見於來自安靜文化的人。我們有時會順其自然，等待機會來臨，而不是積極去爭取。

反過來說，那些來自外向文化的人，通常會瞄準他們想要的東西並發射，而且會公開、頻繁的這麼做。研究人員稱這些人為「注重晉升型」，他們參加比賽就是為了**贏**。他們將自己的目標視為獲得某種獎勵的途徑，敢於表達自己的需求，他們覺得沒有得到獎勵，就是一種失敗。

研究人員發現，依據我們的動機風格調整思維模式，可以提升自己的表現。例如，一項研究將足球運動員分成兩組，並依此進行指導[32]。他們告訴注重晉升的球員：「你們要踢五次點球，目標是進球三次以上。」而注重預防的球員則會被告知：「你們要踢五次點球，不能失誤超過兩球。」研究發現，當球員根據自己的動機風格接受訓練時，他們的表現有了顯著的改善。注重預防型球員來說尤其如此，當他們聽到「不要失球」的指示時，得分幾乎是翻倍。

對於我們這些安靜文化的人來說，這很有幫助。如果我們是注重預防型，那麼可以想想，如果我們不主動跟進，可能會失去什麼。為了加入下一個重要專案、提出自己的專案，或只是夠格爭取一席之地，我們就必須考慮：「只問一次，真的夠嗎？」光是承認「不」有時候並不是對話的終結，也能幫助我們理解，或許對方只是需要時間來消化我們所說的話。

再次跟進也有實際的一面。研究人員指出，人們往往低估了訊息要傳達到位所需重複的次數。哈佛大學商學院教授約翰·科特（John Kotter）曾寫道，公司在傳達訊息時，往往低估了傳遞次數，平均少了十倍[33]。這是一個很大的差距，尤其是當它是我們非常想要的東西時。現在，這是否意味著我們要多次以相同的方式要求某樣東西？嗯，答案是否定的，因為那樣會讓我們談話的對象反感。**關鍵是要用不同的方式去表達我們的請求**。

這就是思考「如何重新提出想法」的時候，這能大大提高我們最終獲得認可的機會。就像提出請求一樣——尤其當我們在第一次提出時，沒有得到熱烈回應或明確認可的話，重提時更應該經過精心設計、再次強化論點。因此，當再次有機會時，就必須思考表達的內容、平臺和時機，以確保我們能在正確的時機抓住對方的注意力，並推動對話前進。讓我們仔細看看這三個範疇，來加強跟進的方式。

1. 內容

- 我們第一次已經表達了觀點，現在還可以補充哪些內容，讓我們的表達更具說服力？
- 我們可以展現哪些新行為，來支持我們的觀點？
- 我們是否可以採取其他角度切入？

2. 平臺

- 我們上次傳達訊息的方式為何？下一次又該如何以不同的方式傳達訊息？如果是透過電子郵件，或許可以嘗試另一種方式跟進——面對面、電話、簡訊或視訊通話。
- 有沒有間接溝通的方法？例如，我們可以與哪些雖然不是決策者，但有影響力的人來了解或支持我們的想法？

3. 時機

- 我們上次提出的時間是什麼時候？何時可能再有機會詢問？（請具體說明！）考慮在不同的日子、不同的時間，對方心情或工作狀態可能也會不同。
- 距離上次跟進過多久了？在初次詢問與後續追蹤之間，留出足夠的時間，但不要等太久，否則對方可能完全忘了。除非是緊急或需要即時處理的事情，否則理想時間大約是一週左右。

經過這一連串問題，它可以幫助我們腦力激盪，想出下一步該怎麼做，同時跳出失望的情緒。很多時候，當我們一聽到對方猶豫或拒絕，我們可能會把它當成是個人的問題，耿耿於懷，或者更糟糕的是，認為已經結束了。但其實，我們必須把後續追蹤當成是過程中必要的一部分。

以下是一個考慮到內容、平臺和時機，並關於我們如何跟進的真實例子。在第四章中，我談到了打造個人職涯品牌，並提到我想要為自己創造一個商業記者的職涯品牌。為了確保能夠發揮自己的無形技能，我構思、製作並行銷了一檔商業節目。然而，我沒有提到的是，這個想法在實現之前，其實被拒絕了好幾次。我必須不斷找我主管跟進，確保它成為最優先的項目。因為這個計畫是我所關心和相信的，我發現自己別無選擇，每當想放棄時，我就提醒自己——如果我不繼續爭取，我可能會錯過什麼。

因此，為了做好準備，我思考該如何再次提起這個話題。我發現在再次跟進時，最好以比較隨意和友善的口吻開始。原因是當我們提醒某人某件事時，最好不要在他們還沒準備好時，就強迫他們做決定。例如，嚴肅的語氣可能會讓人覺得你不耐煩，或沒有考慮到他們的時間安排。

以下幾句開場白是很好的範例，能讓對話自然進行，同時又不會給對方施加太大的壓力。

- 「嗨，○○，你有時間嗎？」
- 「另外，我一直在思考○○○，所以想快速分享一下我想到的點子。」
- 「對了，你有機會看看○○嗎？」

現在，對話已經展開，接下來我就會運用一份提問清單，幫助我再次提出「商業節目提案」這個請求：

1. 內容

- 我們第一次已經表達了觀點，現在還可以補充哪些內容，讓我們的表達更具說服力？

我分享了一份包含節目名稱的定位分析書，幫助主管想像這個節目的樣貌，讓它感覺更真實可行。

- 我們可以展現哪些新行為，來支持我們的觀點？

我表現出了堅韌和執著，並說：「我還研究了市場上目前有什麼其他節目……」

- 我們是否可以採取其他角度切入？

我不再強調「為什麼是現在」，而是換個說法，指出市場上沒有這樣的節目，而我們會是第一個推出的公司，我們將具有開創性的優勢。

2. 平臺

- 我們上次傳達訊息的方式為何？下一次又該如何以不同的方式傳達訊息？

第一次跟進是面對面提的，之後則是透過電子郵件，並附上新的資料。

- 我們可以如何間接溝通？

我聯繫我的助理製片人，他可以幫我的構想背書。

3. 時機

- 我們上次提出的時間是什麼時候，以及何時可能再有機會詢問？

第一次跟進是週四午餐後，第二次是下週五早上，開完我們的編輯會議之後。

- 距離上次跟進有多久了？

每次跟進之間大約相隔一週半。

在第一次詢問之後，總共又跟進了兩次，我才得到主管的同意。我曾感覺尷尬嗎？是的。我有想過放棄嗎？有。最後值得嗎？**絕對值得**。

看到「哈德遜河谷商業脈動」（*Hudson Valley Business Beat*）這個節目名稱出現在電視螢幕上，對我來說不只是職涯上的一大勝利，更是個人的里程碑。我的履歷現在可以寫上「推出當地市場首個商業節目」。但更重要的是，我為自己發聲、讓這件事持續在對方腦海中占有一席之地，我從未如此感到驕傲。

展示成就：我們的成就值得被看見

當你在工作中發生了一件很棒的事情（例如完成了一個繁瑣的專案、達成關鍵績效指標、成交了一個新客戶等），你會如何慶祝？你可能會感到非常高興和自豪，最初的興奮之情讓你開始思考它可能帶來的各種機會。但是，就在這股快樂能量籠罩著你的同時，自我懷疑和恐慌也可能隨之而來，負面的想法可能會開始充斥腦海，例如：「會不會只是運氣好？這樣的成果還會再發生嗎？」

很有可能，你正在做的工作真的很棒，而且你值得比現在更多的肯定。對於在安靜文化中長大的人來說，努力工作是與生俱來的天性，我們可靠、勤奮、認真對待手邊的專案和截止期限。但是，如果我們想要為自己爭取權益，並持續出現在眾人眼前，**我們不只要會做事，也得學會談論我們做了什麼**。在本書前面，我們談到「展現成就」的換框思考，以及我們需要展示這些成果如何造福更多人。在本節中，我們將提供實際可執行的做法，讓你在不違背謙虛本性的前提下，讓別人看見你的努力。儘管展示勝利成就有時需要主動開口，但我們可以用一種讓自己舒服的方式來做。下面這個故事可以幫助你更具體理解。

對於聖地牙哥ABC新聞十臺的記者和製作人來說，這天是一個典型的忙碌工作日。我們正在開早會時，我主管一臉嚴肅的走了進來。她剛看完一支爆紅的網路影片，決定要我們去追這個新聞。聖地牙哥有個男子打造了一輛巨大的卡車，在街上橫衝直撞，跳過灌木叢、在停車場做特技，製造了許多騷亂，惹得附近鄰居抱怨連連。他的特技被錄下來，毫不意外的引起社群媒體瘋傳。我主管希望我們能找到這位駕駛並採訪他，好讓我們能了解他的故事。

「潔西卡，這篇報導交給你。我們需要你找到這位駕駛並和他談談。」我主管說，我可以看到她臉上的興奮和決心。

「噢，好的，我會盡力試試。」我回答道，試圖掩飾語氣中的不確定。

在沒有太多資料的情況下，我走回辦公桌，在網路上搜尋。我到底要如何在幾個小時內，從社群媒體找到這個陌生人、聯絡他，並說服他接受電視訪問？

出乎意料的是，經過大約一小時的網路搜尋，我找到了這位駕駛的聯絡資訊。我在臉書上傳訊息給他，詢問他是否願意接受訪問。而令我驚訝的是，他竟然答應了。我跳上車，開到他家，在他家廚房裡完成了訪談。

當我帶著採訪稿開車回辦公室時，我在心裡慶祝這次的勝利。我知道我主管非常想要這篇新聞，所以能得到它對我來說是一大勝利。但現在，我的安靜文化部分想要拋開成就感，說這沒什麼大不了的。然而我也知道，因為我在外向文化環境中工作，這是展示我成果的好時機。向主管強調這一點，可以確保我的勝利不會被其他雜事淹沒。因此，我利用「展現成就」的換框思考，主動出擊，把這項成果包裝成整個團隊的勝利。

我直接走向主管辦公室，把頭探了進去。

「進展如何？」她問。

「我們剛剛得到了今天的頭條新聞！」我滿臉笑容的宣佈：「那位駕駛在鏡頭前接受了我們的獨家專訪。他分享了很多故事，這將是一個很棒的報導！」

在新聞界，「獨家」是一種榮譽。我主管臉上立刻浮現出燦爛的笑容，她問了一連串問題，我是怎麼做到的，以及司機怎麼說。我們一邊聊著這次的成就，以及這對新聞臺來說是多大的勝利。雖然這段對話不超過兩分鐘，但她當場就決定這將會是我們今晚新聞的頭條。這篇報導讓我印象深刻，因為接下來發生的事情，讓我更加確信「展現成果」有多重要。

報導播出幾天後，有人向整個新聞部（包括最高管理階層）發出一封電子郵件，讚美這篇報導和我的努力。突然之間，那些原本不認識我的人，都知道了我所做的事情，以及它所帶來的影響。這篇報導所帶來的知名度無法衡量。

因此，你該如何找機會談論你的勝利？尤其當你很清楚它們值得被看見。因為我們已經知道，**重要的不是你做了多少工作，而是我們如何利用工作提升自己的能見度**。如果這讓你想起「分配時間」那一章，沒有錯！這是關於如何把你已經完成的出色工作轉化為機會，讓別人知道你的價值。

在職場中，有策略的讓別人看見你的努力，正是邁向下一次升遷關鍵的一步。事實上，如果你的績效考核季即將來臨，在兩到三個月前，適時地分享幾個成就，可以讓主管在與你一對一會面前，已經有了「你最近表現很棒」的印象——而這也是事實。

因此，當我們的安靜文化本能的想轉移或迴避時，到底該如何談論我們的成就呢？與之前「如何爭取我們想要的」類似，關鍵在於組織語言的方式，例如思考這個成果為團隊帶來什麼好處、你採取了哪些具體行動，並使用「有力詞語」來溝通。透過回答這些問題，我們可以更清楚自己要怎麼表達你的貢獻。

1. 說出對別人有什麼好處：我們的成就對**其他人**有什麼好處？對他們來說有什麼意義？
2. 公開分享過程：為了完成這項任務，我們採取了哪些**步驟**？簡單列出一到三個重點。

3. 使用「有力詞語」溝通：這次勝利讓我們感受到什麼**情緒**？請使用「興奮、快樂、自豪」等字眼。

「說出對別人有什麼好處」是我們吸引聽眾注意力的方式，因為他們會馬上知道與自己有關。公開分享過程指的是如何談論我們所做的事，讓他人更理解我們付出的努力。使用「有力詞語」溝通，就是策略性的用充滿情緒的詞彙表達我們的熱情，讓對方也受到感染。以下是一些例子，說明包含這三要素的表達範例：

【你完成了為團隊整理的 Excel 資料】

說法：「我想跟大家分享一下，有了這份表格，以後查資料容易多了。你們可以看到，我把所有資料分成不同分頁，並按照數字順序排好。應該能幫我們省下不少時間，期待看到大家使用後的**心得！**」

【你重新設計了行銷素材】

說法：「我把新的行銷素材放在這個資料夾了。我換了字體、調整了顏色，還多加了一些圖片。我覺得整體看起來漂亮很多！」

【你成交了一位新客戶】

說法：「我等不及要與ABC公司合作了。我剛和他們通過電話，已經講好XYZ等合作細節，讓他們知道接下來會怎麼進行。感覺這次合作會很順利！」

請記住，為自己發聲並不代表一定要很高調或咄咄逼人，重點是我們願意為自己的努力和成果站出來。能夠肯定自己的付出和影響力是很重要的。

我們必須重新調整心態、改變展現成就的方式，為自己的工作感到驕傲。儘管它可能不是百分之百完美，但我們要記得「慶祝自己的勝利」這件事，可以很簡短也很自然。

因為就像我媽說的：「如果連你都不挺自己，還會有誰挺你？」

#好消息永遠值得分享

莎拉・布蘭森（Sarah Branson）是一位前途無量的精品公關公司的年輕員工。大學畢業幾年後，她已經替客戶爭取到《紐約時報》（*The New York Times*）和《今日報》（*Today*）等頂級媒體的曝光機會。她的成功，有一部分歸功於她擅長與客戶、媒體建立關係，讓雙方都能從中受益，達到雙贏。

但有一個問題，雖然她工作上表現很好，卻很難與主管建立良好的關係。「我現在每次跟主管交談，都只是為了交換資訊。我們只會在我需要她幫忙，或她需要我處理什麼時，才會交談。」她說。

她不知道到底是從什麼時候、為什麼變成這樣，但是每次他們交談時，總是冷冰冰又簡短。

如果房間裡有其他人，主管通常也只跟別人說話，不太會理她。莎拉說她不希望這種與主管缺乏互動關係的情況，成為她跳槽另找新工作的原因。她知道自己不需要和主管當朋友，但至少想在職場上建立更多信任和默契。因此，莎拉決定認真面對問題，就像這攸關她的工作是否能保住一樣。

我們首先要做的第一件事情，就是利用她的優勢——和客戶、媒體打好關係的能力，看看她是否能將同樣的方法用在主管身上。於是我問她，平常是怎麼跟媒體建立連結的。

「要小心拿捏好分寸，讓對方記得我。」莎拉解釋說，「我不能總是帶著請求聯絡他們，這樣會顯得很煩人，但我也必須和他們保持聯絡。所以每次我與媒體接觸時，都會讓他們覺得：『這件事跟我有關，而且時機剛好。』」

「無論你對媒體怎麼做，對你主管也要這麼做。」我回答。

接下來，我們討論了她該如何找到與主管開啟對話、不會顯得唐突的話題。我們列出了一張她可以定期與主管分享的「小成果」，例如拿一份實體報紙，圈出自己客戶的報導重點分享給老闆。這不需要做的很高調、誇張，只需要輕描淡寫地說一句：「想把這個給您看看」或「這個也許你會有興趣」，讓主管知道目前客戶的最新動態，而她也知道主管其實是關心這些的。

幾個星期後，莎拉回報說，雖然最初幾次互動感覺有點尷尬，但隨著時間推移，主管的態度就越軟化，互動變得更容易了。每當她隨口進主管辦公室聊幾句，他們的對話也變得比較自然，不再只是任務交辦，更像真正的互動了。

給聰明人的提醒

在你的電子郵件中，建立一個名為「歡呼」的資料夾，並將人們祝賀或肯定你貢獻的信件（不論大小）放入其中。如果你需要證明你的傑出貢獻，這個「歡呼」資料夾就是你的好幫手，也是你在職場中需要信心時的一劑強心針！

學會拒絕：建立界限和設定期望

為自己爭取權益，其中一部分就是學習如何自信優雅的說「不」。對於許多在安靜文化價值觀中長大的人來說，我們更習慣妥協、接受被交辦的各種任務，因為我們希望自己被視為「好同事」。但若總是答應所有工作，我們就是犧牲了寶貴時間，卻接下了對我們沒有真正幫助的工作。雖然接受任務、當個好隊友，對於在職場中受人喜愛和贏得尊重至關重要，但如果答應別人只是因為「害怕」，反而會讓自己受傷。

我剛當記者時，真的很難說「不」。我覺得說「好」比較容易，而且如果對方位階比我高，因為權力距離，我甚至不覺得我有資格說「不」。這也解釋了為什麼當我開始在外向文化中工作時，看到有些同事拒絕了主管指派的工作或專案，我驚訝到不知所措，這與我所學的一切都背道而馳。但我意識到，如果想讓別人注意到我，而不只是默默努力工作，就需要學習如何自信而尊重的說「不」。

為了更有策略的說「不」，我研究了一些資深記者，看他們在會議上如何自信的互相（甚至與主管）辯論和挑戰。我觀察了他們如何拒絕，以及在別人反駁時如何回應。儘管這種狀況並非經常發生，但也夠頻繁到讓我足以看出其中其實有規則與技巧可循。事實上，我發現這些經驗豐富的記者，使用了一種我早就知道卻從未使用的溝通技巧。

身為記者，我們的工作是走出去採訪並問問題，讓人們為自己的行為負責。我們常得與政治人物、企業高層，甚至是一般大眾有棘手的對話。儘管這些對話經常讓人感到不舒服，但身為記者，我們的任務是在微妙的界限上行走，既要巧妙推進（以免對象閉嘴不談），又要堅定溝通（讓我們仍能獲得所需的答案）。要達到這種平衡，「社交敏銳度」與「自我覺察」至關重要。舉例來說，注意我們的語氣、給予簡短的解釋和補充其他選項，這些細微之處往往就是決定關係是斷裂，還是建立共識的關鍵。

這套說「不」的方法，其實可以濃縮成TEF，也就是語氣（Tone）、解釋（Explain）和替代方案（Follow）的簡寫。讓我們逐一說明，以便知道如何在工作中應用它們。

- **語氣（T）**：語氣是最重要的驅動力，它是影響我們說話效果與對方接受度的最大關鍵。當我們說「不」的時候，必須注意保持語氣的中性和實事求是，讓對方感受到我們的堅定態度。

- **解釋（E）**：簡短說明為什麼拒絕，避免讓對方覺得被否定。舉例來說，可能是因為我們有其他截稿期限、目前工作量已經超載，或是我們不是最合適的人選。
- **替代方案（F）**：提供其他選項，表示我們仍在乎對方的需求。例如，建議對方在我們比較有空的時候再來聯繫，或是提供其他可以探索的方向與資源。

以下兩個範例，展示了如何自信且有禮貌的拒絕請求：

「謝謝你想到我，但我現在無法幫忙X專案。

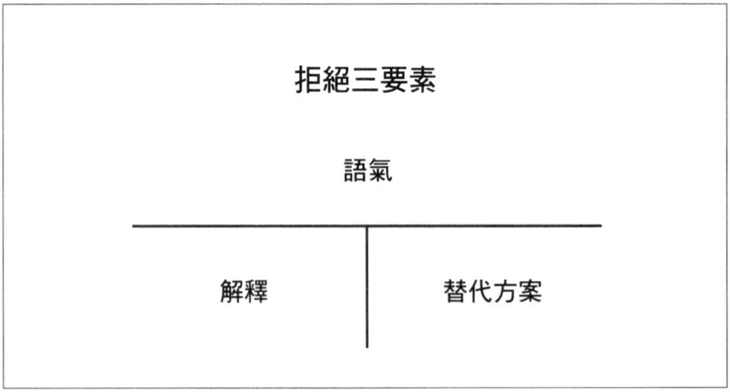

我現在有一個很重要的截止期限。不過，可以在下週五再聯絡我，那時我應該會比較有空。」

「這聽起來是個有趣的想法，但我可能不是最合適的人選。事實上，這領域我不太熟，但我建議你去找〇〇〇了解一下，他們可能有一些資源能幫得上忙。」

雖然拒絕別人可能會讓人感到壓力很大，但是注意我們的語氣、給予簡短的解釋和提供替代方案，可以讓我們更有自信的應對。這種平衡的結構不但能親切又清楚的傳達想法，又不會讓人們覺得我們不在乎或不尊重他們。因為在說「不」的同時，我們仍在以其他方式幫助他人，包括提供其他更好的選擇。最重要的是，說「不」代表我們在為自己劃下界線，並且守住這些界線。因為在職場中，人們傾向於尊重那些堅持自己立場的人。這不是自私，而是聰明。

最後，無論我們是爭取想要的東西、追蹤後續、慶祝我們的勝利，還是拒絕別人的要求，我們都必須運用ＡＣＣＴ原則，為自己在職場上的最大利益發聲。

為自己發聲，是安靜資本框架的三大支柱之一。雖然換框思考能幫助我們重新思考工作方式，但安靜資本框架則讓我們獲得應有的認同。事實上，假如你深受安靜文化價值觀影響，必須認知到：安靜資本框架的這三大支柱，不只是「最好去做」，更是「非做不可」。當我們清楚知道自己的職涯品牌、建立可信度，並為自己發聲時，他人就會看到我們的想法、需求和願望。更重要的是，這樣才能確保我們因正確的理由而被看見。

POINT

本章重點

◆ 依靠他人給我們機會，只會讓我們失望和沮喪。我們必須成為自己最堅定的支持者。

◆ 在職場上，我們要以自己的最佳利益為出發點，運用ACCT原則行動。

◆ **主動開口（A）**：當我們想爭取機會時，應該提出有力的理由、與他人對齊目標，並解釋為什麼我們是最適合這項工作的人選。掌握這些要素，有助於讓他人看見我們請求背後的價值。

◆ **主動追蹤（C）**：思考內容、平臺與時機，這三個要素能幫助我們判斷該如何、何時再次提出請求，因為重複嘗試有其必要。

◆ **展示成就（C）**：闡明好處、公開分享過程，並使用有力的詞語來溝通，讓他人看見我們的貢獻與意義。

◆ **學會拒絕（T）**：拒絕請求時，注意我們的語氣、解釋原因和提出替代方案。學會說「不」，是我們建立界限和設定期望的方式。

SMART, NOT LOUD

PART

3

溝通優勢

關於職場一個最大的迷思就是：只要我們做得好，別人就會注意到。但是，我們現在知道，如果想要以我們希望的方式被人注意到，就必須要有策略的表達自己。

因此，在第三部分中，我們會深入討論如何培養溝通技巧，並詳細研究這些技巧。我們將專注於構成溝通工具箱的三個核心工具：用字、語氣和肢體語言。

一旦將策略性的溝通技巧與出色的工作能力結合起來，我們的競爭優勢就會變得難以忽視。人們會注意、記得我們，重要的機會也會開始浮現。

第七章

發揮話語最大效益

——我們說的話能夠傳遞更多訊息

在二〇二一年聖誕節前兩週，我在電子信箱裡發現了下面這封郵件：

我是來自中國的第一代移民，目前在北美的私募基金工作。在公司，我常需要表現得非常光鮮亮麗，像「阿爾法男」（alpha male，具有統治風格、大男人主義的男人）般的自信。

單憑這幾句話，我就感受到了一種緊迫感和絕望感。林莎拉正在面臨安靜文化與外向文化的衝突。在中國長大的莎拉，具備著與安靜文化相關的特質，但現在她在美國一家外向文化主導的全球金融公司工作，卻很難適應這個環境：她認為自己需要表現得像一個「阿爾法男」，才能讓別人真正聽到她的聲音。她需要改善處境，所以我們很快就安排了一次會面。

「其實我在會議中會說很多話。只要有想法，我總會和大家分享。」莎拉說。

「那很好啊。」我回答道：「那麼，你認為職場衝突是從何而來？」

「我覺得可能是我一說話，對話就停下來了。也許是我想太多，但我覺得自己抓不好講話的時機。我需要更好的判斷力，知道什麼時候可以加入對話。」

莎拉說，雖然她的聲音被聽到了，但她並不覺得那些話語展現了她的知識和專業。每次發言時，她都會提高嗓門，讓每個人都能聽到她的聲音；她說話的速度也很快，以確保不會被其他人打斷。然而，儘管她做了所有應該做的事，還是能感受到現場的緊張氣氛。她的同事只是茫然的看著她，幾乎沒有任何回應，也沒有在她講的內容上延伸自己的觀點。很明顯，莎拉需要善用換框思考，她才能清楚判斷出應該說什麼，以及如何以清晰明確的方式進行溝通。

我們做的第一件事，就是討論有色人種女性在職場面對的交織性隱形問題。承認這一點有助於她意識到：自己要如願被看見，比別人多了一道門檻。我們談到了安靜文化的偏見，以及儘管無法完全控制別人對我們的看法，但仍可以成為自己最好的代言人。我指出她需要放棄「必須轉換角色和表現得像個大男人」的信念。

「有效率的溝通者不一定是最大聲的那個人。你需要做的是思考自己的發言方式。」我說：「這可以透過運用『與他人互動』的換框思考來達成，也就是練習關注聽眾的需求，並針對他們所關心的事情，來調整你的訊息。」

這時莎拉插嘴說：「但是，潔西卡，我沒有足夠的資料，不知道他們關心什麼，也不知道何時該說話，該如何與他們互動。」

這個反應出乎我的意料，但我知道莎拉的意思，畢竟她是個具有分析思維的人，缺乏可研究的資料或數據，這讓她很難判斷情況。沒有這些資訊，她不知道自己是否做出了正確的判斷。

事實上，在我通常服務的客戶中，莎拉有點不一樣。我的客戶大多數都是在安靜文化的價值觀下長大的，他們面對的困難往往是「根本插不上話」。但是，無論發言對我們來說是容易還是困難，成為一個有效的溝通者都需要技巧。在接下來的段落中，我們會深入探討在職場的各種情境中，如何更清楚的表達自己。「換框思考」給了我們看待職場的新思維方式，而「安靜資本框架」則給了我們實際應用它的工具。最後，是我們「溝通的能力」將一切串連起來，發揮最大效益。

會議中的發言

在他人面前找到合適的說話方式，有時就像在腦中打一場沒完沒了的心理戰。我們可能坐在會議中，安靜的處理資訊，而腦中另一個聲音，卻大聲告訴我們必須說些什麼。許多在安靜文化中長大的人都對那個聲音不陌生，它不停地慫恿在別人說出我們心中想法之前趕快開口；也是它讓我們信心潰散，因為我們總是過度分析當下情況。結果就是，我們不是講得不清楚、不得體，就是乾脆什麼也不說。

那麼，當有其他人在場時，我們該如何在會議中表達意見、談論自己的工作，展示專業，或為自己爭取機會呢？比起關上門自己默默努力，我們更必須回到「與他人溝通」的換框思考。想一想會議中有哪些人，以及他們關心什麼，是確保我們的話語能夠發揮最大影響力的第一步。

之後，我們要把握時機，找出適當的切入點，也就是人們會比較容易接受我們說話的時機。如果打亂了會議節奏，其他人可能會覺得我們很無禮，從而失去聆聽的意願。因此，要在會議中有效的暢所欲言，就必須學會掌握時機，讓自己順利參與討論。

這裡有一連串的動作可以幫助我們，它稱為「4A步驟」：**積極聆聽**（Active listening）、**確認**（Acknowledging）、**錨定**（Anchoring）和**回答**（Answering）。這個方法非常強大，因為它給了我們確切的規則和提示，可以幫助我們識別何時是發言的適當時機。以下是它的具體做法：

積極聆聽：掌握時機

現在，當我們聽到「積極聆聽」這幾個字時，可能會想到給予回饋或幫助他人的情況。的確，我們進行積極聆聽的目的，是為了更加了解他人，並給予他們建設性的反饋，讓他們能夠改進。但是，在會議中發言的脈絡下，積極聆聽則有不同的意義：我們是為了判斷何時是參與對話的適當時機，尤其是有多人談話的時候。對很多人來說，積極聆聽本來就不難，我們很可能已經在做了。但是，我們不能只是為聽而聽，而是「為了發言而聽」。這個轉換非常重要，因為它會提醒大腦去捕捉關鍵字，讓我們知道何時是加入討論的最佳時機。

舉例來說，如果原本是在討論營運流程，但現在聊到法規，而你是法務部門的一員，那麼現在就是加入談話的時機。又或者，如果團隊正在討論數據資料，而你是資料團隊的成員，現在就是使用積極聆聽的時候。也可以注意一些更微妙的提示，如肢體語言和語氣的變化。舉例來說，某人放鬆姿勢並往後靠，或是開始四處張望，又或者某人語氣出現轉折、語調往下掉，可能暗示他們講完了，這些都是我們可以抓住的「發言空檔」。

透過尋找這些線索，我們就能掌握現場的氛圍。在掌握了發言的時機之後，接下來我們要做的，就是透過回應剛剛發言的人，讓自己自然地加入對話。

確認：創造無縫的銜接

一旦找到了說話的適當時機，我們說出的第一句話，應該是確認剛才所說的話。確認是一種溝通策略，可以讓對話暢通無阻。這也讓人覺得我們是來合作的，因為我們認同他人及其貢獻。如果以「我能說些什麼嗎？」或「不，我不同意」這樣的語句插入談話中，可能會讓人覺得唐突甚至粗魯。「確認」能創造一個更順暢無阻的溝通環境，讓人們覺得自己的意見被聽到了，因而更容易接受我們要說的話。以下是有效的確認範例：

- 「你說得真好，喬伊絲，事實上……」
- 「如果我可以補充一點，卡特……」
- 「馬克思，知道這點很有幫助……」
- 「凱莉，這真是好主意，讓我想到了……」

透過確認眼前的人，並叫出他的名字，就等於運用了積極聆聽的技巧。要特別說明的是，確認**並不是**同意，只是表示我們有在聆聽。事實上，如果我們有不同的意見，確認對方的說法就更重要了，因為這讓我們能在不過於對抗的情況下加入討論。例如，我們可以這樣說：

- 「這點很有趣，喬伊絲。你有沒有想過……」

- 「我聽到你說的，卡特，但我有點擔心……」
- 「馬克思，我很高興你提出來了，我對這部分有些顧慮……」
- 「謝謝你分享這些資訊，凱莉。這讓我想到……」

一旦確認了在我們之前發言的人，就能吸引會議中其他人的注意。下一步就是「錨定」。

錨定：連接點

在錨定過程中，我們會重複對方說的一、兩個關鍵字，以維持對話的流暢性。錨定是將某人所說的話與我們想說的話連接起來的技巧。

喬伊絲：這裡的財務狀況看來並不樂觀，我認為我們應該走另一個完全不同的方向。

你：你指出這點真的很重要，喬伊絲，這裡的財務狀況……

卡特：客戶認為我們主頁的介面很難瀏覽。

你：謝謝你的分享，卡特，我同意介面有改善空間，所以我們可以考慮……

馬克思：我們和行銷部門談過，他們對我們提交的檔案有一些修改意見。

你：沒錯，馬克思。行銷部門對這個提案不是很滿意……

凱莉：我們可以考慮拓展南亞市場的影響力。

你：我明白你的意思，凱莉。但我有個關於拓展南亞市場的顧慮是，我們還沒有建立起足夠的基礎……

錨定是一種有效的技巧，因為它促使我們將別人說的話與我們想表達的話連結起來，也可以減少我們使用「嗯」或「啊」之類的填充詞，讓我們更有意識地說出想表達的觀點。在眾人的關注下，接下來就是我們大顯身手的時候了。

回答：展示專業知識

我們在４Ａ步驟中所討論的技巧，都可以在幾秒鐘內完成。雖然過程簡短，影響力卻很大：我們現在已經巧妙的讓人們願意聆聽我們說話。接下來，我們要提出令人信服的觀點、建議或提案，以展示我們的專業。然而，我也必須提醒大家，這也是多數人容易出現失誤的時刻。當所有人的目光都集中在自己身上時，很多人都會變得慌張、思緒混亂，或者開始喃喃自語或說得很快。我們都見過這種情況。那麼，我們該如何確保自己在分享想法時，思路清晰且有說服力呢？

我們必須問問自己——我稱之為「溝通的黃金問題」：**我真正想說的是什麼？**這個問題非常簡單，卻很有力。電視記者每天都會用這個問題來擬定訊息，強化他們的口語表達。這裡有一個簡單的順序，可以幫助你回答這個黃金問題：

- **提出觀點**：你想讓他們知道什麼
- **舉例說明**：用一兩個想法解釋該觀點
- **重申觀點**：重申你的觀點以強化訊息

就這麼簡單！有時候，我們可能會將答案複雜化，其實我們只需要將觀點像三明治一樣夾在一起，別人就能理解。尤其是當我們被臨時點名時，這也能避免我們繞圈圈說話。但如果你發現自己在長篇大論，只要說：「我真正想說的是……」，就可以拉回正軌。

這裡有一個例子，說明冗長與簡潔的訊息之間的差異，兩者都在傳達相同的觀點。

【長篇大論】

「這個城市裡有一間醫院正在使用一種創新的手術程序來幫助心臟病患者。這是相當先進的技術。這個裝置的運作方式是將它植入病人體內，並會在一段時間後自行分解。你想知道那是什麼嗎？」（八十四個字）

↓

問問你自己：**我真正想說的是什麼？**

↓

【精簡版】

「當地一家醫院推出了創新的心臟手術，這項先進手術使用了一種可在患者體內自行

分解的裝置。想知道更多嗎？」（四十九個字）

在會議中發言需要言簡意賅。此外，還要考慮到一些細微的差異，例如時機、肢體語言的變化或語調的轉變，以確保我們在適當的時機發表意見。使用4A步驟來決定何時以及該如何插入談話，可以讓我們在發言時更順暢。

說話是為了說服

亞里斯多德（Aristotle）曾經說過，我們之所以說話，是為了說服他人[34]，這正是我們表達的最終目的。換句話說，**有效溝通的核心，就是說服他人接受我們的想法**。我們當中有許多人都夢想自己有一天成為能夠打動群眾的演說家。無論是對一個人、五個人，還是五百個人演講，我們都希望自己能夠成為那樣的溝通者：當你走進一個房間，分享你的想法，就能讓其他人感到鼓舞和受到激勵。只要你知道該說什麼以及如何說，這個夢想就離實現不遠了。在本節中，我們將討論如何組織說話內容，以增加說服別人的機率，讓他們看到我們想法的優點。

首先，對大多數人來說，說服他人的能力是一種後天學會的技巧。很多來尋求溝通協助的客戶，在專業領域都非常出色，他們可以不費吹灰之力就背出詳細的術語，但若要請他們有說服力的表達自己的想法、讓團隊採取行動，就會變得困難重重。他們不習慣說服別人，那會讓他們覺得自己咄咄逼人。尤其是要嘗試說服地位較高的人（例如主管）時，那種不自在的感覺會更明顯，因為這違背了自己過去所學，也就是安靜文化的價值觀：尊重權威、不要冒犯他人。此外，說服別人也表示要更直接明確的表達，這對於習慣隱晦、含蓄表達的人來說，會是一個挑戰。

那麼，我們該如何說話，才能說服別人呢？要能有效說服別人，我們就必須掌握「說服點」和「對比的力量」，這兩種策略可以讓我們在工作中無論和誰說話，都能更有說服力地表達自己的觀點。

說服點

說服點可分為兩大類：情感導向和理性導向。我們許多人會在表達時使用其中一種，但真正的力量在於將這兩種結合在一起。「理性導向」的說服點是支持我們想法的事實、研究和數據；「情感導向」的說服點則是與這些事實相關的感受，為我們的語言注入情感與溫度。當我們同時運用理性和情感導向的說服點時，就更能夠說服別人，因為我們說出的話同時觸及了決策中的邏輯面和情感面。這種雙管齊下的溝通技巧，提升了我們話語的品質。

下頁表格是兩種類型的說服點範例，以及將兩者結合的實例。在前兩欄中，我們可以看到兩者提出的觀點很類似，但重點在於打動人心或說服大腦。第三欄則是將兩者結合。透過同時訴諸情感與理智，創造出有力的說服點，讓我們的表達更具說服力、效果也更顯著。

以下是另一個使用說服點演講的例子：你試著說服行銷經理重新設計公司的舊網頁。這需要花費時間和金錢，但能夠改善轉換率。所以，為了說服對方，你可以先指出使用者遇到的障礙與跳出率，然後提供數據作為佐證，讓你的論點更有說服力。

你可以這麼說：

情感導向型說服點	理性導向型說服點	雙重說服點
「我們認為你可能會錯過這個投資的好機會，因為我們的表現一直很好。」	「我們的銷售數字顯示逐年成長，所以現在正是投資的好時機。」	「我們的數字一直很亮眼，我們也很期待與你分享原因。如果你看看我們每年的銷售成績，就會看到逐年成長的趨勢，所以現在是個值得考慮投資的好時機。」
「我們在這個軟體系統上遇到了太多令人沮喪的障礙，我覺得我們該換方向了。」	「我們需要改變方向，因為我們遇到很多問題：第1點、第2點、第3點。」	「這一個月以來我們為了解決這套軟體系統的問題吃足了苦頭，不但浪費了大量時間和金錢，還發生了這些問題：第1點、第2點、第3點，一個接一個，我認為我們該開始考慮其他方案了。」
「這一季我真的很努力工作，所以想要求加薪。	「這一季我完成了〇〇〇的工作成果，達成了績效指標。」	「這一季我投入了很多心力。我並不介意投入時間去工作，不過，我想和你談談加薪的可能性，因為我完成了〇〇〇項目，對團隊帶來了巨大的績效。」

「客戶會瀏覽我們的網頁，但我們可以從數據看出有問題。他們可能被太多導向不同頁面的按鈕搞混了。因為客戶幾乎沒有點擊任何東西，而且我們的跳出率高達八〇%。因此我認為我們應該儘快重新設計網頁。」

透過「情感導向＋理性導向」的方式來組織你的話語，就能同時打動聽眾的心和腦。

對比的力量

就像說服點一樣，「對比的力量」也是一種提升說服力的表達方法。然而，與運用情感和理性來促使人們採取行動的說服點不同，對比的力量則是幫助對方快速看見你的想法帶來的影響力。因為在職場溝通時，即使你很清楚自己的想法有多好，但如果你不強調對照目前的困境，別人就很難真正了解你的方案有多值得一試。

下頁表格最能說明這個技巧。左欄是現在，右欄是未來。在左欄中，你會記下目前情況的痛點、缺口或弱點，以便他人了解現況；在右欄中，針對每項挑戰，對應出你的解決方案所帶來的好處或影響。你可以把它看作是一種對照關係。舉例來說，假如你正在向潛在客戶說明你們的網路安全產品的優勢，與其只專注於痛點或好處，不如運用「對比的力量」來描繪完整的畫面。

你隨時都可以使用對比的力量，讓他人了解你想法的價值。透過描繪現況與未來的差異，可以讓想法更有深度，從而讓論點也更有力。

說服性溝通是同時訴諸情感與理性，也透過描繪「現在」與「未來」的對比，來加強我們想傳達的重點。我們可以在同一段對話中只用其中一種，也可以兩者並用，關鍵在於有意識地運用這些技巧。一旦善加運用，我們在開會時就不再懷疑自己的論點是否具說服力——因為我們就是故意設計成如此。

客戶提問：這個防盜版軟體對我們公司有什麼幫助？	
【現在】 最常見的漏洞	【未來】 你的產品如何補強
被駭客入侵時損失上百萬	省下上百萬的損失
其他產品無法防範的問題	你的產品能有效防範這些問題

填充詞和規避詞

安・米拉－高（Ann Miura-Ko）是那種你讀到她的故事會想：「她看起來能搞定一切」的那種人。她是種子輪創投公司 Floodgate 的共同創辦人，曾投資過的公司包括來福車（Lyft）、媒合零工平臺 TaskRabbit 和女性時尚媒體 Refinery[29] 等。《富比士》（*Forbes*）稱她為「新創界中最有權勢的女性」，《紐約時報》（*The New York Times*）則將她評為「全球二十位頂尖創投家」之一。她還是她的母校耶魯大學理事會的成員，可說為她的履歷錦上添花。然而，儘管她獲得了許多令人難以置信的成就和榮譽，安很快就承認，她早期在溝通方面吃了不少苦頭。

在回憶早年求學時期，她說：「我的溝通方式，在別人眼中形成了我預期外的錯誤印象。」

在史丹佛大學攻讀博士學位時，安說她意識到自己的說話方式會讓人質疑她的能力。她的溝通方式充滿了填充詞，諸如**嗯**、**啊**、**呃**、**就像**、**你知道的**……等。

她說，直到有一學期與同學合作撰寫畢業論文，這問題才真正浮上檯面。他們的目標是設計能自主踢足球的機器人，但是在他們開始設計沒多久，就遇到了問題，機器人無法如預期運作。她說，為了排除障礙，每個人都必須說明自己負責的部分和目前的狀況。

輪到她時，安說她的解釋充滿了「嗯」和「呃」之類的字眼，讓她聽起來猶豫不決、缺乏信心。與此同時，她的同學卻用最少的字詞解釋了他們負責的部分，顯得自信又可靠。

「我們彼此都知道對方的實力。然而卻因為溝通上的障礙，導致別人對我的工作產生很多疑慮。」

安說，這段經歷讓她體會到「用字遣詞」的力量。她說：「對於你報告的內容，本來就存在著一定程度的不確定性，大家都知道。你不需要透過一堆『嗯、呃、我想』，不斷重申這一點。」

無論我們目前的整體溝通能力如何，每個人說話中或多或少都會使用填充詞。然而，當身處眾人焦點、處於爭執的情況或感到自責時，我們這些在安靜文化價值觀薰陶中長大的人，更容易陷入這種「填充詞陷阱」。填充詞會弱化要傳達的訊息，讓我們看起來不確定，甚至缺乏可信度。因此，如果我們想將話語發揮到極致，就必須學會減少填充詞。但要如何減少呢？

要消除填充詞，關鍵在於「掌控」，也就是對自己的內容有信心。慢慢說話可以讓我們充分思考，同時處理正在發生的想法。控制說話的速度，可以讓我們更清楚地組織思緒，更有意識地注意自己說出的每一個字，而不是不加思考的說下去。如果發現填充詞正在偷偷潛入你的話語，可以試試以下步驟：

1. **暫停**
2. **深呼吸**
3. **思考**
4. **堅定的說出來**

減少填充詞就是這麼簡單，但我們知道要做到這一點卻非常困難。關鍵在於持續練習。先從「察覺自己」開始，停頓可以讓你呼吸並重新集中注意力[35]，也讓其他人有時間消化你說的話。事實上，研究人員研究了停頓的精確藝術及其對聽眾的影響。他們發現最自然的說話節奏，包含句子內〇・六秒的停頓，以及句子之間〇・六秒或一・二秒的停頓。研究顯示，有意識的停頓能讓非英語母語人士說話顯得更自然。雖然在現實生活中，我們不會拿碼錶計時，但只要知道「停頓是好事」就夠了，而且應該利用停頓來提升溝通的影響力。加入刻意的停頓，能讓我們的訊息更有力量，也讓聽眾更容易理解與吸收。

不過，也要記得，有些時候我們需要添加一些詞彙，這些詞彙不一定會帶來新資訊，但對於修飾語氣或情緒卻很重要，這些詞被稱為「規避詞」。如果我們不是百分之百確定某件事情，或試圖緩和尖銳的對話、某個嚴厲的陳述時，就會用上這些詞。特別是考慮到自己的可信度，使用規避詞就顯得特別重要，因為我們希望為自己說的話負責。因此，如果我們不確定某件事情，像是「似乎、或許、看起來、不太、可能、基本上、我相信、好吧」等詞語可以保護我們，讓別人不會抓語病或曲解我們的意思。以下是一些例子：

- 你今天似乎過得很不順心。
- 也許我們該看看投訴的內容。
- 看起來我們的意見不太一致。

・這麼做可能不太好

當我們想要了解情況時，加入規避詞會很有幫助。最重要的是，規避詞可以創造一個緩衝區，保護我們的人際關係和聲譽。

輕鬆簡報的技巧

你正在開會，眼前這位做簡報的人感覺很緊張。你可以看得出來，因為他僵硬得像木板一樣，臉上的表情驚恐，演講中充滿了尷尬的停頓和填充詞。當他展示簡報的時候，你不確定他想說什麼，因為他無法清楚有效的傳達自己的觀點。

對大多數人來說，公開演講一點也不好玩。就像那句廣為流傳的話：「人們對公開演講的恐懼比對死亡還多。」對於許多來自安靜文化的人來說，我們深有共鳴；我們不喜歡待在聚光燈下，更不喜歡公開分享自己的想法。我們不希望自己的想法被粗暴的批評，更不希望拿自己的可信度冒險——萬一我們忘詞，站在臺上像冰柱一樣動彈不得，該怎麼辦？看起來可不太妙。

但是簡報這件事就是這樣——不管多少次，站上臺、在人們面前發言，總會讓人覺得有點不自在。甚至很多經驗豐富的公開講者都會說，那份緊張感永遠不會完全消失。

這並非一件壞事。緊張和表現其實密切相關[36]。為了達到高水準的表現，我們確實需要一個「適度的激發」（壓力），提高我們的警覺性和反應力。若沒有壓力或壓力太少，反而會妨礙我們的表現。因此，關鍵是要了解壓力、擁抱壓力，並善加利用，而不是讓它擊垮我們。

身為一個經常在數百甚至上千人面前演講的人，我承認在上臺前的幾分鐘，還是會有胃糾結的感覺。從外表可能看不出來，但腎上腺素和壓力荷爾蒙卻在我體內快速流竄。這是因為每次演講都不同，無論聽眾、環境，甚至主題都會因我當下的情況而有所不同。然而，我發現專注於所要傳達的訊息，而不是不確定性，有助於穩住心神。一旦我將注意力從自己身上轉向「如何讓我的訊息與聽眾產生共鳴」，我就能專注於真正重要的事：創造價值。記住「觀眾不是來看我出糗的，而是來學習的」這點也很有幫助。因此，只要我了解我的內容，相信它能幫助他人，並且設計一個吸引人的框架來呈現，其他一切都會水到渠成。

因此，與其問怎麼克服公開演講的恐懼，不如問自己：**如何才能用更有建設性的角度來看待簡報這件事？**

以下是三個有力的思維轉換：首先，**將簡報視為一場對話**。告訴自己，我們不是在對一群人說話，而是在與現場的每個人對話，我們只是在分享自己所知。藉由提醒自己去注意在場的每個人，而不是他們的頭銜，更進一步將這種經驗人性化：「我在和史黛芬妮談話，而不是副總裁」或「我在和丹談話，而不是潛在客戶」。如果我們能將聽眾人性化，就能減少要求自己完美的壓力。

第二個思維轉換是認知到**聽眾不知道我們想說什麼，只知道我們最後說了什麼**。這代表當我們漏掉一個詞，或忘記一個想說的觀點時，聽眾是不知道的。我們可能會覺得這是場大災難，但是聽眾只知道他們聽到了什麼。因此，別慌張、難過或退縮，只需要繼續往下講就可以了。

第三個思維轉換是提醒自己，**在他人面前發言，就是將「運用時間」的換框思考付諸行動**。站在眾人面前發言，其實是加速建立我們的職涯品牌和可信度，以及為自己發聲的最有效方式之一。因為我們可以在短時間內接觸到大量的人。最大限度的利用每個機會，關鍵就是確保別人能看見、聽見，並且知道你在做什麼。做簡報正是達成這個目標的絕佳機會，因為它能讓我們被視為專家，這可以加快達成我們的希望——讓別人看到我們。

因此，擁抱公開演講，從低壓力的場域找機會練習，就是我們培養簡報能力的起點。

在建立正向思維後，下一步就是思考：要怎麼說，才會讓自己在眾人面前顯得清晰又有條理？事前準備的重要性不言而喻，但表達自信的最佳方式，就是利用投影片之間的轉場，來連接我們的觀點。如果做得好，會讓人覺得我們很了解自己的東西，而且表達的自然又流暢。為了磨練這項技巧，讓我們來談談過渡詞，以及如何使用它們。

過渡詞可分為四類：強調、延伸說明、比較／對比、收尾與總結。基本上，我們會在以下情況使用過渡詞：

- **強調**自己想表達的觀點
- 想**延伸說明**，並提供更多的例子

- 想**比較**或**對比**不同想法
- 結束內容並**總結**剛才所說的重點

下表細分了每個類別，並提供了一些簡報時可以使用的過渡詞。

許多人在簡報時，從未想過要使用過渡詞，但加入過渡詞可以提升聽眾的理解力，因為我們藉此連接各個觀點。

以下是一些運用過渡詞的範例：

- 「我們看到會員人數每月成長了三五％，我們相信這是因為我們重新投入數位廣告，這就是為什麼我建議將廣告預算增加到每月一

過渡詞

強調	延伸說明	比較	對比	總結
這就是為什麼……	此外	同樣地	換句話說	最後
最重要的是……	再者	我們也可以看到……	然而	總的來說
關鍵是……	除此之外	就像	相反的	結論就是……
因此接下來我要講的是……	事實上	例如	但是	所以回到正題

萬美元。」（**強調**）

- 「我們相信創造經常性收入來源最穩定的方法，就是擁有可靠的資產。例如，我們的『多戶住宅投資基金』就是在做這樣的事。」（**比較**）
- 「這種ADHD藥的藥效更長，可持續十六小時，而不是標準的十二小時。結論是，我們會推薦這款藥給想要藥效維持一整天的人。」（**總結**）

現在來看看實際應用的部分。我們知道使用過渡詞可以幫助連接觀點，並給人流暢自然的印象，但是到底該在什麼時候使用過渡詞呢？如果在進行簡報時，最好在投影片轉換之間時使用過渡詞。這個小訣竅很重要，因為我們在簡報時，通常會閱讀螢幕上的內容，然後點選下一張投影片。這個動作通常會伴隨一兩秒的沉默或停頓，像這樣：

> 看到一張投影片↓講解內容↓換到下一張投影片時，短暫停頓／靜默↓繼續講解

除非是有策略的安排停頓／靜默，否則就會打斷說話的流暢度。因此，為了讓人覺得我們的簡報很流暢，需要用一個過渡詞來取代沉默，並將目前的投影片與下一張投影片連接起來。以下是一些範例：

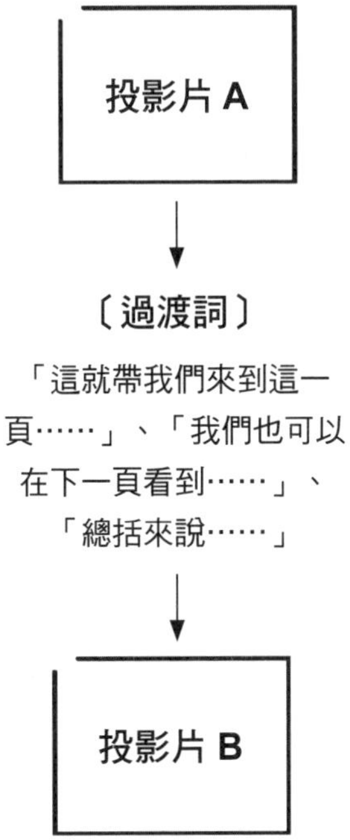
投影片 A
〔過渡詞〕
「這就帶我們來到這一頁……」、「我們也可以在下一頁看到……」、「總括來說……」
投影片 B

使用這個技巧，可以讓我們簡報時更流暢，同時也會讓人覺得我們相當了解內容。

準備簡報時的另一個小訣竅，是確定如何開始和結束。開頭是讓人印象最深刻的部分，聽眾渴望聽到我們說話，因此注意力會全神貫注在我們身上。因此，針對開頭多下功夫，確保我們能吸引聽眾的注意力，並滿足他們的期待。我們可以用一個引人入勝的故事、驚人的統計數字，或回顧自己的成就，作為演講的開場白。或者，我們也可以分享他們可以從演講中獲得什麼，例如：「我希望在今天的演講結束時，每個人都能知道……。」但同樣的，有效的簡報，最重要的是根據觀眾量身打造訊息。

簡報的結尾要給觀眾一個令人滿意的結束。這個結尾可以是呼籲行動、回顧已經說過的觀點，或是一個很棒的結尾故事。結尾也可以重申開頭的內容，讓整場演講形成一個完整的循環。使用這些技巧，能讓簡報更專業，並幫助我們提升在職場的能見度。

良好的溝通是一門藝術，也是一種技能，而且百分之百可以學會。我之所以可以這麼有信心，是因為在我成長的過程中，我相當害羞、焦慮、膽小，而且說話不自然。就像許多在安靜文化中長大的人一樣，我傾向於讓工作本身說話。然而，只有當我們主動推動工作時，才能真正為自己發聲。我在本章所說的一切，包括在會議中加入討論、減少填充詞、說服他人，以及輕鬆簡報，都是為了幫助你在職場有效溝通打下基礎。我花了多年時間學習和調整的內容，現在都彙整成簡單的架構和章節，方便學習與練習。但請記得，只有當我們堅定不移的表達時，說出的話才會有影響力。

引導對話的方向

二〇二一年春天，新冠疫情（COVID-19）大流行剛開始一年多。實體辦公室都關閉了，多數企業仍然處於遠距或混合工作模式。我很幸運，我的領英線上課程《在視訊會議中展現領導力》（*Developing Executive Presence on Video Conference Calls*）的瀏覽次數剛突破一百萬次，開始有企業聯絡我，尋求虛擬溝通方面的協助。

就在這段期間，我收到了來自加拿大一家大型製藥公司的訊息。他們希望我能協助整個銷售代表團隊，提升在虛擬環境的簡報與銷售技巧。

「我們的業務代表一向很擅長走進診所與醫師建立關係，」內部資深專案經理南西・伯恩（Nancy Burns）說，「但在虛擬會議中，就困難多了。我們需要他們在鏡頭前也能夠自在的溝通。」

南西表示，在競爭激烈的銷售環境中，在網路上「建立融洽的關係和連結」變得更具挑戰。進行簡報也更困難，因為很難判斷對方是否感興趣，甚至不知道對方是否在聽。她說在視訊會議中，人們的注意力明顯比較短，因此希望整個團隊都能提升溝通技巧。

在接下來的幾個月，我為他們整個業務部門量身打造了一套訓練課程。我有兩個目標：提升他們在視訊上的表達成效，以及幫助團隊更有自信地預測並解決客戶的疑慮。

在簡報方面，我特別著重教導業務們如何減少尷尬的沉默，因為在視訊中沉默的時間可能會顯得比現在漫長。我也教他們在切換資料夾與畫面時，讓對方保持參與感。例如，他們應該總是在幕後說明正在做的事，像是：「我現在要分享螢幕」或「我找一下這個資料夾，馬上開給你們看……。」透過明確讓對方知道自己在做什麼，就不會讓對方感到疑惑。我們也討論了如何在尷尬的時刻用開放式問題來填補空白，讓對話自然延續下去。

至於預測與處理疑慮，我也教他們一個媒體訓練中常見的技巧：「切換話題軌道」。這個技巧常用於受訪者在面對棘手提問時，讓自己不會被問倒。這個方法有兩個步驟：先認可對方，再用過渡詞切換話題軌道（詳見下表）。我訓練業務們學會辨識出那些表示疑慮的關鍵字，例如「我不太確定」、「我有點搞不清楚」。一旦聽見這些語句，業務應該用「我聽到了」和「我明白你在說什麼」這類話語，來跟他們的客戶確認。但關鍵在於不要重複對方的負面用語，而是用過渡詞來順勢帶出正面的說

切換話題軌道

對方的顧慮	你的回應（表達理解）	過渡詞（轉換方向）
「我不確定如何……」	「我明白你的疑問」	「事實上」
「我有點不清楚……」	「我了解你的意思」	「這就是為什麼」
「我在擔心……」	「這是個好問題」	「其實」

明，例如：「事實上」、「這也就是為什麼我們會……」。善用這項技巧，幫助他們表達時能流暢展現專業與自信。

給聰明人的提醒

進行視訊通話時，務必多花一點心思，讓自己「處於最佳的光線下」——無論是字面上還是螢幕畫面都是，因為這能協助你建立虛擬環境的存在感。光線配置就是其中一項關鍵。如果你的光線良好，對方會更容易專注在你身上。最佳光源是面向窗戶的自然光，這能讓你的臉散發柔和的光澤；相反地，背對窗戶會讓你變成一團陰影。如果無法改變座位位置，放一盞小桌燈或夾式環形燈，也會讓整體形象改善許多。

POINT

本章重點

- 良好的溝通技巧是讓我們的安靜資本框架得以實現的關鍵，因為它可以幫助我們清晰的表現和發聲。
- 在會議中，使用4A步驟——「積極聆聽、確認、錨定和回答」，來判斷進入對話的適當時機，以及如何做才能讓人們願意聆聽。
- 如果我們開始長篇大論，應該問問自己這個黃金問題：「我真正想說的是什麼？」幫助我們重新聚焦。
- 結合情感和理性導向的說法，可以創造有說服力的觀點，同時打動聽眾的理性與情感面。
- 對比的力量在於同時呈現問題與解決方案，幫助對方完整了解我們的觀點與價值。
- 說話時不要急躁：停頓、深呼吸、思考，然後堅定的說出來，能減少填充詞的使用。
- 適當的「規避詞」能讓訊息更易於被接受。
- 建立自信的關鍵在於正確的心態：簡報就是一場對話，聽眾只知道我們告訴他們的內容，而這是建立影響力和知名度的有效方式。

◆ 在簡報過程中善用「過渡詞」，能夠連接觀點，讓表達更流暢，也讓人感受到我們的從容與專業。

第八章

擴大我們的語氣

——掌握正確的語氣

教室裡安靜到連一根針掉下的聲音都能聽見。我們五年級的歷史老師劉老師站在白板旁。

「林肯（Abraham Lincoln）的副總統是誰？」她再次向全班發問。

那學期我們正在學習美國歷史，劉老師向全班同學問了一個似乎沒有人想回答的問題。我知道答案可能是什麼，但我不打算舉手。我低頭看桌上的紙張，以免引起別人的注意。但從我的眼角餘光看到劉老師在掃視整個教室，尋找點名的人。我低著頭，希望她能跳過我。

『請不要叫我的名字。』我一面茫

然的盯著桌子，心裡一面想。

「潔西卡。」她喊，我的身體僵住了。「你知道答案嗎？」

我嚇了一跳，抬起頭，睜大了眼睛。

「嗯，」我說：「我不是很確定，但或許……」

「大聲點。」劉老師說

「呃，安德魯·詹森（Andrew Johnson）？」我回應道。

「你的聲音太小了。我們聽不見。請大聲點！」

「安德魯·詹森。」我更大聲的重複道，同時感覺到我的臉變得通紅。

「沒錯。」

多年來，我的「小聲」經常成為人們討論的話題。老師、阿姨和叔叔經常說我說話太小聲，所以聽不清楚。這其實並不意外，因為我知道自己為什麼會輕聲細語——這是別人盯著我看時的直覺反應，我不想成為焦點，只想轉移他們的目光。

說真的，並不是因為我們來自安靜文化，就代表我們都是天生的輕聲細語者。我們許多人說話都沒問題，也不難被聽見，但一旦被點名、站在聚光燈下，那種不自在的感覺是共通的。當我們成為眾人注目的焦點時，說話方式就會改變。我們會說得很快、很小聲，或是用上揚的語氣結束句子，好像想把話題轉移給別人。我不喜歡成為焦點，當然也沒有想過要調整我的語氣。在我心目中，我認為只要能在紙上寫出正確的答案，並把事情做好，這就足夠了。

十年之後，我已經成了一名在「外向文化」職場的實習生。當我聽到同事在播報時的發言，我對語氣的一切認知都被顛覆了。在我們的辦公室裡，氛圍正如你想像的那樣：嘈雜的電視聲、人們大喊大叫、鍵盤打字聲此起彼落、電話鈴聲不斷。但一到整點新聞播報時間，整個空間彷彿按下暫停鍵，所有聲音戛然而止，取而代之的是主播和記者們低沉有力、充滿掌控力的聲音，在整個空間迴響。身為一個剛踏入這個環境的年輕實習生，我完全被他們豐富多變的語調吸引。他們有一種特別的「說話的目的性」，讓人產生共鳴。

接下來的好幾個月，我一直試圖搞懂他們的聲音為何如此容易聆聽？怎麼可以如此清晰，又是如何流暢的改變聲音，讓每個字都有正確的音高、語調和音色？在電視臺實習了幾個月之後，我終於抓到了一點訣竅。他們說話的聲音都是經過深思熟慮的，每個字都有目的，而每一次的高低起伏或停頓都有其用意。身為一個來自安靜文化的人，這種有意識的說話方式令人震驚。我從來沒有意識到聲音竟然可以這麼有音樂性，而電視人正是運用這種音樂性，讓他們的表達如此吸引人。重點不是講得大聲或講很多，而是他們**如何**運用自己的聲音。彷彿每個人只要改變自己的語氣，就能改變整個房間的能量。

在上一章中，我們討論了某些詞語，如何增強我們的說話影響力。在本章中，我們將進一步討論有效表達的第二個支柱：語氣。一些最有影響力的溝通者，他們的語氣絕對是多變而有力的。我們一聽就知道，因為他們的話語容易聆聽、清晰且具有權威感。一個有影響力的講者未必話很多，但是當他們說話時，其他人都會聽。

想成為他人願意聆聽的溝通者，我們必須學習語氣的基本要素，因為語氣能讓人保持專注，也可能讓人失去興趣。你可以這樣想：我們聽音樂時，有些歌會直接跳過，是因為旋律或音調不對我們的胃口。同樣地，當有人長時間用單調的聲音講話時，我們就會自動（有意識或無意識地）忽略他們的聲音。但在職場上，我們說話的目的，是希望對方能聽進去。無論是簡報、講述我們的工作成果，甚至只是提出一個需求時，我們都希望對方能注意、理解。所以，我們該如何提升讓人「願意聽我們說話」的機率呢？

根據語言治療師、溝通顧問、TEDx 講者溫蒂．勒博恩博士（Dr. Wendy LeBorgne）

的研究[37]，有五個語氣元素構成了我們的聲音。

1. **頻率**：指的是聲音的高低。男性的音頻通常較低，而女性的音頻通常較高。
2. **語速**：指我們說話的速度。當人們緊張時，通常會說得很快；但是當你說話太慢時，又會顯得缺乏熱情。
3. **強度**：指我們聲音的音量。太大聲會讓人覺得咄咄逼人或感覺有攻擊性，但如果聲音太小，又會讓人覺得害羞或沒精神。
4. **語調**：指聲音的高低起伏。語調持續往下會讓人聽起來單調，而往上則會讓人聽起來不自信。
5. **音質**：指我們與生俱來的聲音特色，無論是沙啞、嘶啞或鼻音重等等。它是我們獨有的特色，也是接電話時，別人一聽就知道是我們的關鍵。每個人的聲線音質都不同。

在五種元素中，最後一項音質，是我們唯一無法改變的。如果你仔細想想，有一些非常知名的演員，你之所以認識他們，就是因為他們聲音的獨特音質。例如，摩根．費里曼（Morgan Freeman）那低沉渾厚的嗓音令人印象深刻；梅莉．史翠普（Meryl Streep）的聲音擁有一種柔和又深刻共鳴的特質；而奧卡菲娜（Awkwafina，即林家珍 Nora Lum）的聲音則較低沉、沙啞。這三個人的聲音都是獨一無二。根據雷伯涅的說法，正是這種獨特性讓我們與眾不同。

那麼在職場中，我們要怎麼利用聲音來吸引他人專注聆聽？可以從四個可以調整的面向來著手：頻率、語速、強度和語調。

頻率

回想一下你上次聆聽一本很棒的有聲書，你是否完全沉浸其中，並為之著迷？是因為朗讀者的語氣讓你著迷嗎？很可能你根本沒特別注意，因為你被故事深深吸引住了。對聽眾而言，這是件好事，因為任何特殊的聲線，都會減低內容的傳達。對於朗讀者而言，對著麥克風說話，其實是一個謹慎且深思熟慮的過程。想要營造緊張感時，他們會稍微拉高音調來創造張力；想表達情感與熱情時，則會溫柔地將聲音高低起伏，營造層次和氛圍。無論是什麼情境，他們都是透過調整音調，來引導聽眾的情緒。

在專業領域中，雖然我們知道男性的音調一般較低，而女性的音調較高，但我們都有自己的音域。有效的溝通者會像朗讀者一樣，有意識地運用音域來傳達訊息。例如：表達熱情時，音調可以稍微提高；若是想傳達權威和嚴肅感，則可以使用較低的聲音。談到音調時，值得注意的還有**共鳴**。有共鳴的音調聽起來更有厚度，我們一聽就知道。這是男女都能透過練習達到的音色。

要找到共鳴，你必須確保自己很放鬆，因為緊張會妨礙共鳴。可以先從哼唱開始，你哼的聲音就是你的基準音高。從那裡開始，哼高一點，再哼低一點。在一定的音域內輕鬆的哼唱，並讓聲音聽起來有旋律感。持續哼唱，直到你擺脫尷尬的情緒為止（沒錯，你會覺得這樣做很蠢，但沒關係！你必須克服這種滑稽的感覺，讓自己就像在浴室裡哼歌一樣自在）。現在，在哼唱的過程中，你是否感覺到喉嚨後方的震動？是否感覺到聲音來自你的肚子深處？如果沒有，再試一次。喉嚨裡的震動、從體內深處傳出的聲音——就是你在說話時想要達到的狀態，讓聲音有深度。共鳴的聲音是來自橫膈膜。

你可能會發現當自己用這個方式發聲時，很容易覺得喘不過氣。為了克服這個問題，你必須有意識地調整呼吸。最好的溝通者知道如何自然地將呼吸和說話結合起來，就像跑者知道如何將步伐和呼吸同步一樣。

在我剛入行時，一位資深記者告訴我：「姿勢和呼吸是一切的根本。你必須告訴自己，要把聲音投出來，從肚子深處推送出去。」他還說：「你想變得更厲害，唯一的方法就是開口練習。」

以下是結合呼吸與橫隔膜發聲的練習方法：

1. 深呼吸兩到三次。重點是放鬆身體。吸氣時你的胸部和肺部會擴張，讓更多空氣進入呼吸系統。好好感受這種感覺。
2. 放鬆後，注意你的姿勢：挺直脊椎、抬起下巴，並將肩膀往後拉。這樣姿勢的改變，有助你把聲音更有力地傳出去。
3. 現在，再次深呼吸，從腹部下方發聲。還記得你的哼唱音域嗎？你應該感覺到聲音是從肚子推出去的，而不是從喉嚨擠出來。想像將你的聲音投出去，讓房間另一端的人都能聽到你的聲音。

如果需要，可以拿起這本書大聲朗讀某些段落。雖然一開始會覺得有點尷尬，但請堅持下去。大聲朗讀是最有效率的練習方式，也能幫助你找到自己最自然、舒服的聲音音調。

陳艾瑞克（Eric Chen）是波霸卡片遊戲 Sabobatage 的創辦人，這是美國第一款以亞洲文化為靈感的珍奶卡牌遊戲。他也是我的弟弟，我們在之前的章節中提過。艾瑞克第一次接觸到「將呼吸與說話結合」的概念，是在剛進入職場、在薪資軟體公司ＡＤＰ擔任銷售人員時。身為一個年輕的大學畢業生，他很快意識到如果要在跟客戶談話時展現專業與說服力，就必須建立起自己的「說話氣場」。

「我的導師告訴我的第一件事，就是我需要加強溝通技巧，特別是說話時的存在感。」艾瑞克回憶道。

他來自安靜文化，關於自己的聲音表現，他從來沒有思考過太多。和我們許多人一樣，他的心態是「只要大聲說話，就能讓人聽見」。但現在他被迫面對陌生客戶說話和銷售，建立自己的可信度和權威，就變得非常重要。他必須學習如何運用語氣、強化他的「電梯簡報」技巧，以及有意識地說出每一句話。

「我想做得更好，這樣才能成交更多案子。我的導師非常認真的督促我改善說話語氣。」

艾瑞克說他做的第一件事，就是找到一種既經濟又方便的練習方式——用手機錄下自己說的話，然後重複聆聽，找出需要改進的地方。

「我記得我每週至少錄音一次，每次一小時。我甚至請公司讓我錄下一些客戶來電，用來分析自己的聲音。」艾瑞克說，「我注意到其中一件事，當我緊張時，音調就會變高、速度也會變快。但如果我不回去聽自己說話，我根本不可能發現。」

他說得對——頻率與語速之間密切相關，這也帶出了我們接下來要談的第二個聲音面向：語速。

語速

那天是一個陽光明媚的早晨，我正前往聖地牙哥的辦公室，準備和我們的電視顧問會面。每隔幾年，全國各地的電視臺都會聘請顧問，來評估並回饋我們幕前工作人員的表現。他們會評論我們在螢幕前的各個細節，包括穿著、髮型、妝容，以及我們說話時的儀態。雖然這種過程常常讓人感到不自在，但獲得這些外部回饋是必要的，我們才能知道如何在大眾面前表達得更好。

當我和顧問在大會議室坐下來時，她打開筆電，播放了一段我的新聞影片。

「讓我們來看看你上星期做的這則報導。」她說。

影片播放時，我看到自己邊說話邊做手勢。「還不錯。」我想。我說話流暢，聽起來清晰簡潔，還刻意用肢體語言強調我的想法，讓我的觀點深入人心。

顧問按下了暫停。

「我喜歡你用手勢來輔助說明，但你真的需要說慢一點。」她說。

我對她的回饋感到困惑，我說：「我以為我已經說得很慢了。」

「你必須說得很慢，比你想像中的還要慢。」她回答說：「這樣才會給人一種份量感。」

如果說語氣是我在安靜文化中長大時，從來沒有考慮過的東西，那麼「份量」就是一個來自火星的概念。雖然我知道這個詞的意思，但在那一刻之前，我從來沒有想過該如何表現出這種氣場。簡單的說，份量是指我們說話時讓人感受到「重量」，營造出一種穩重、權威與可信賴的氛圍或氣場。在安靜文化中，份量通常與年齡、經驗相關，類似於「可信度」。然而，在外向文化中，年齡或頭銜只是建立份量感的一部分因素。任何人都可以單靠說話，就散發出權威與沉著。但怎麼做呢？答案是：**慢慢說**。

當我們說話速度太快時，就會顯得匆忙和慌亂，這對於建立份量感而言不是什麼好事。相反的，放慢說話速度，會讓人覺得冷靜、沉著。好消息是，語速是比較容易調整的要素之一，因為我們通常能意識到自己說話太快了。當這種情況發生時，我們必須承認它，提醒自己調整並放慢速度。雖然說起來容易做起來難，但有個簡單的方法就是拿一張便利貼，寫上「放慢速度」，然後貼在電腦附近。這個方法並不花俏，卻能有效的提醒自己，在開會前不要急著開口。

儘管如此，有時候提升說話速度和建立沉穩感的方法是「說快一點」。（是的，說快一點也有它的價值！）關鍵性的區別在於：要有意識地調整語速。透過改變說話的速度，我們可以吸引聽眾的注意力，讓內容更有層次與趣味。

但我們如何知道何時該加速、何時該減速呢？當我們在解釋或舉例時，可以稍微加快速度；說結論或重點時，就應該放慢速度。放慢速度可以讓對方有時間吸收並理解我們剛才所說的內容。記住這個黃金提問：**我真正想說的是什麼？**這個答案應該慢慢的說出來。

看看下面的句子，然後大聲練習說出來。讀到粗體部分時，請刻意放慢速度，其餘部分則以正常速度說話。

- 「我們看到會員人數**每個月成長了三五%**，我們相信這是因為我們**重新投入數位廣告**，這就是為什麼我建議將廣告預算增加到**每月一萬美元**。」
- 「我們相信創造經常性收入來源，最穩定的方法就是擁有**可靠的資產**。例如，我們的『**多戶住宅投資基金**』就能做到這一點。我們很樂意將一些資料寄給你。」

・「這種ADHD藥的**藥效更長，可持續十六小時**，而不是標準的十二小時。結論是，我們會推薦這款藥給想要藥效**維持一整天**的人。」

當你越來越熟悉語速的控制，很快就能分辨出何時該放慢速度，何時該加快速度。接下來，讓我們談談「強度」。

語氣、語速與流暢度的結合

我的一位客戶詹姆士·阿科斯塔（James Acosta）正在為他公司的C輪融資做準備。雖然詹姆士已經經營著一家市價數億美元的公司，但他仍希望能提升自己的簡報技巧。因此，在某個星期四的早上，我們進行每週一次的視訊會議，詹姆士開始進行簡報。剛開始幾秒鐘之內，他就開始講述公司的細節，快速地說出各種數字。

這些數字資訊量太大，而他滔滔不絕的速度讓人很難跟上。我覺得有些不知所措，甚至無法接收他真正想傳達的訊息。

「我們先暫停一下。」我打斷他。

我和詹姆士已經工作了好幾週，我知道他公司最大的賣點，就是它的競爭優勢。我對他說：「不要忽略重點。你應該從那個地方開始，而不是一股腦地丟出那些數字。」

我提醒他，在簡報時，內容的流暢程度很重要。因此，與其跳進一大堆數字和統計，他更需要先吸引聽眾的注意力。我向他分享了我最喜歡的簡報格式，請他依此調整：

1. 首先感謝大家抽空參加會議，可以使用像「**興奮**、**激動**、**期待**」等字眼。

2. 簡單介紹簡報主題。
3. 分享觀眾從這場簡報中可獲得的兩到三個重點。
4. 用一句話表達你希望大家結束時帶著什麼感受，例如：我希望在這次簡報結束時，在場的每一位都能更清楚理解／有個明確的架構／掌握一個清晰的想法……。」
5. 最後自我介紹，並解釋為什麼你有資格討論這個主題。

當詹姆士依照這個架構重新調整他的簡報時，我也提醒他要注意語速的掌控。

第二次嘗試之後，我問他現在簡報的感覺如何。

他回答：「有了這個清晰的流程，說話的感覺變得更自然了。我也覺得自己有更多時間思考要講什麼，以及怎麼講。」

詹姆士說，他開始將自己的語速視為一種遊戲。他會依照情境判斷調整語速的時機，就像納斯卡（NASCAR）賽車手在賽道上輕鬆駕馭彎道與直線一樣。他現在不再只是被動應對，而是主動掌控。

給聰明人的提醒

同樣的稿子，不同的人讀起來可能完全不同，這是因為每個人會強調不同的單字和語句。這就是問題所在——我們的語氣既是一種藝術，也可以是一種風格。花時間練習找到自己的說話語氣，這點很重要。錄下自己的朗讀過程是最有效的方法之一，讓你知道何時以及如何調整語速與語氣。事實上，最有影響力的演講者都知道，**「表達方式」有時甚至比「內容本身」更值得打磨。**

強度

多年來，我一直以為「強度」只跟音量有關——基本上，就是我們說話多大聲或多小聲。當我們告訴另一半：「嘿，注意你的語氣？」時，指的可能就是音量。然而，我們現在知道音量只是語氣五個要素的其中之一而已。

說到說話的強度，我們通常是根據當下的感覺來說。例如，興奮或生氣時，我們會說得更大聲；當我們不舒服或焦慮時，就會說得輕柔一點；或者，如果我們沒有任何感覺，就保持中立語氣。然而，如果想聰明地運用「強度」這個工具，就得有意識地去調整。

舉例來說，如果我們希望團隊專注於事情的嚴重性或急迫性，就應該刻意降低音量；或者，如果我們希望主管對我們的想法感到興奮，就應該說得大聲一點，讓他們感受到我們的熱忱。無論大聲或小聲，聲音的強度正是我們吸引別人的方式之一，它會影響我們的訊息如何被接收和感知。

如果你覺得控制強度的方式，聽起來像在管理「語速」，沒錯！我們可以結合這兩種元素，使它們互相配合。最有影響力的演講者會將兩者結合起來，靈活運用，使他們的演講更有趣、更有說服力。下表是常見語氣與語速的搭配範例。

當我們能夠適當地將強度和語速結合起來，就能以我們想要的方式吸引別人注意。仔細想想我們發言的所有時刻，不論是為了說服別人、為自己發聲、甚至是拒絕別人（所有的概念我們都在第二部分談過了）——都能透過說話方式來影響對方對我們的看法。接下來，我們來看看「語調」。

語調

有超過十三年的時間，我的週六上午時間都是在中文學校度過的。這是一個沒得商量的規定，因為父母想要確保我在美國生活時，仍能保留自己身

訊息的目的	強度和語速
開心的訊息	強度大，速率快
嚴肅的訊息	強度中等，速率慢
難過的訊息	強度小，速率慢
陳述事實	強度中等，速率中等
有力的觀點	強度中等，速率慢

為華人的文化根源。

「潔西卡，總有一天你會慶幸自己學了中文。」我父母經常這樣說。

雖然週末早起上課真的很痛苦（我當然更想賴床），但他們說得沒錯。擁有第二語言能力是一種資產，無論是私生活還是職場上都是。

今天，我的中文能力讓我的公司 Soulcast Media 在亞洲佔有一席之地。不過，也是在這些中文課上，我學到這門語言的正式用法，例如每個字都有固定的聲調（語音的高低抑揚），如果使用不當，可能會完全改變這個字的意思。中文裡有五個聲調需要考慮（如下圖）。

相比之下，英語的聲調沒那麼嚴格。在英文裡，改變一個單字或句子結尾的語調，並不會改變其意義，但卻會改變話語給人的感覺。想要有效地使用語氣，我們就要讓語調跟「意圖」一致。

中文的聲調

當談到如何有效的使用語氣時，配合我們的語調與意念很重要。如果我們想要傳達肯定的態度，就應該在說最後的幾個字時，用下降的語調，這會讓人覺得我們說的是真心話。舉例來說：

- 我覺得選項B比較好。（**下降語調**）

- 我擔心現在我們解決客戶問題的方式，反而會造成更多混亂。（**下降語調**）

反過來說，如果我們在句子的結尾用了上揚語調，讓它聽起來像是一個問題，就會給人一種不確定感。就拿剛才那兩個句子來說，在最後的幾個字加上上揚語調，句子是不是就沒那麼有說服力了？

在溝通領域裡，我們稱句尾上揚的語調為「上揚語調」（uptalk 或 upspeak）。近數十年來，越來越多人在講話時習慣性地用上揚語調[38]。這本身沒什麼問題，只要你本來就是在提問題；但如果不是，那這種語調就會讓你聽起來比較沒自信。

當然，上揚語調也有它的價值。如果想表達不確定性，或是緩和我們插入對話的時機，就可以使用上揚語調，例如我們說「Excuse me」（不好意思）時。尾音使用上揚語調，就會顯得比較客氣，聽起來不那麼強硬和粗暴。不過重點是——這必須是你有意的選擇。

我們剛剛介紹了四種可以主動控制的語氣元素。然而，在談到說話時，如果沒有提到「發音」，那就是我的失職。雖然發音不是語氣五要素的一部分，但發音對我們說話的清晰度有很大的影響。清晰發音的反面就是含糊不清。要克服含糊不清的說話方式，就必須練習我最推薦的說話技巧：**特別加強字首和字尾的發音**。這個方法既簡單又有效，特別是對那些非英語母語的人。

下表有一些可以讓你大聲練習的單字。請記得要特別清楚地唸出字首和字尾。

力量	**PO**W**ER**	強大	**ST**RO**NG**
自信	**CON**FIDEN**CE**	無關緊要	**IN**CONSEQUEN**TIAL**
進步	**IM**PROVE**MENT**	轟動	**TH**UND**ER**
說話	**S**PEAK**ING**	免抑療法	**IM**MUNOTHER**APY**
真誠	**AU**THEN**TIC**	研究	**RE**SEAR**CH**

再來，請你大聲練習以下句子，並確保你能唸出每個單字的首尾字母，同時也要注意語速（粗體字時要放慢）：

Once we become a strategic communicator, we will no longer **leave our delivery to chance**. For example, we can walk into a presentation and know how to speak in a way that has variety. Or if we walk into a meeting with senior managers, we'll be able to **instinctively adjust our voice** so others can hear our assurance.

一旦我們成為有策略的溝通者，就不會再**讓自己的表達隨意而為**。舉例來說，我們走進簡報會場，知道如何用變化多端的方式來說話。或者，如果我們走進與資深主管們的會議，就能**本能的調整聲音**，讓別人聽到我們的自信。

在我與非英語母語人士（當中許多人擁有安靜文化的成長背景）合作時，我發現天生想要避開聚光燈的慾望，可能會讓他們的說話聽起來有點含糊。有些人可能是因為太在意自己的口音，或者習慣過度分析說話情境，含糊的聲音都會妨礙表達的影響力。我發現最常出現模糊音節的是「in」或「th」，「in」會聽起來像「im」，而「th」則有一個「f」音。例如，injustice 常會被唸成「imjustice」，something 被唸成「somefing」。仔細留意這些發音細節，會讓你聽起來更清晰。如果你不確定自己有沒有這樣的情況，可以錄下自己說話的聲音，就能立即聽出來。即使你是英語母語人士，練習你的發音也可以提高說話的清晰度，讓你的表達更有力。

回想起我剛踏進外向文化的新聞編輯室的那幾個月，現在的我終於明白，「語氣」是建立表達影響力的一個關鍵工具。對於一個擁有安靜文化背景的人來說，這也是讓我們建立更多話語權的好工具，讓我不需要大聲講話或咄咄逼人就能引起注意。相反的，只要我們有意識地調整語氣、語速、強度和語調，就能掌控自己的訊息，讓它傳遞得更準確。一個有影響力的演講者，不需要說太多——**只要知道怎麼說，別人就會聽進去。**

POINT

本章重點

- 我們的語氣可以分成五個要素：頻率、語速、強度、語調和音質。
- 音質無法改變，因此對我們而言是獨一無二的。
- 用橫隔膜發聲，也就是所謂的「丹田發聲」，可以創造更有深度的聲音和存在感，而這與頻率有關。
- 透過在快與慢之間調整語速，可以強調我們想要表達的重點。
- 混合使用音量變化的強弱，可以吸引聽眾注意，因為變化會讓說話更有趣。
- 語調需要有意識的使用，才能達到預期效果。
- 發音清晰可以避免含糊不清。專注於一個單字的第一和結尾幾個字母，可以讓我們表達的更清晰。

第九章

善用肢體語言

——我們說話時，別人會看到什麼？

我的心跳得很快，耳邊聽到震耳欲聾的倒數聲。

「我們要直播了，三、二、一……！」

我深吸了一口氣，低聲對自己說：「該上場了！」

我直盯著攝影機鏡頭，開始說話，隨著提詞機上字句滾動出現，我輕微地左右晃動頭部。在講到感人的故事時，我的眉毛會不時的上揚，以營造溫暖的氛圍；在談到嚴肅的議題時，我的眉毛又會輕輕的皺起，以表示關心。當我強調某些詞語時，我會抬起手，而講完之後，又會把手放回原處。我抬頭挺胸，肩膀向下放鬆。我運用了所有知道的非語言技巧，來配合我說的話，展現自信和從容。

在我走下攝影棚時，我主管說：「做得很好！你在主播臺上看起來很自在。」我自豪的露出微笑，這正是我想聽到的話。那些為了坐上主播臺而努力爭取的日子，總算有了回報。現在我必須證明，我真的可以做到。因為事實上，我不夠有自信，我整個人就像一團緊張的能量，心跳加速、手心冒汗。在讀提詞機的臺詞時，我不停祈禱自己不會念錯字或舌頭打結。因為我認為這場直播可能會決定未來的成敗。幸運的是，就我主管所見，我的肢體語言並沒有顯示出緊張或焦慮。為此，我心存感激。

然而，我在內心極度緊張的情況下，卻能表現出輕鬆自信的說話風格，要達到這一點，是一段漫長而曲折的旅程。來自安靜文化背景的我，在踏入職場前，我從未學習或思考過溝通的藝術，尤其是非語言的溝通技巧。

坦白說，在我成長過程中，我父母很少表現出情緒或身體上的親密行為。在我生活周遭，肢體語言作為情緒表達的工具，其實非常有限。

我唯一看過的刻意使用肢體語言的場合，就是在電視上。我還記得看到劇中的家人，在高興時親暱的擁抱對方，以及在說話時使用許多手勢，感覺是多麼的奇怪，甚至連「我愛你」都可以直接說出口，也讓我覺得就像聽到外語一樣陌生。

這並不表示我在安靜文化長大的過程中，缺乏愛或親情的關懷；我們只是以其他比較低調的方式，用語言或非語言表達情感，例如，「你要記得吃飯」和「出門要穿暖一點」通常意指「我關心你」和「我想你」。然而，當我進入外向文化的職場之後，看到即使是陌生人也會公開表達情感時，我的安靜文化教養讓我開始想：「哇！在這個外向的職場，人們真的好會表達情感。」

儘管如此不同，我並沒有困在解讀這些差異中太久；身處外向文化的新聞編輯室中，我必須學習如何清楚自信的表達想法，而且要以一種適合自己的方式去做。

幸運的是，我不需要向外尋求。在電視圈，所有的語氣和姿勢都會被剖析、測量和觀察，以確保它們符合我們的訊息。在電視臺工作，就像是坐在第一排學習溝通課，一點也不為過。我最先發現的第一件事是，我們的溝通是由內容、語氣和肢體語言所組成。在這三者中，肢體語言對我們的表達能力影響最大。人們對我們的第一印象中，有五五%來自肢體語言，我們的語氣佔三八%，而真正說出口的內容只佔七%[39]。

對於在安靜文化中長大的人來說，直接和明確的溝通可能不是我們的風格，但非語言溝通就是我們的救星。它是一種工具，讓我們不用說太多話也能傳達出訊息——可以利用身體的動作，來強化我們想要表達的觀點。對於某些人來說，這可能是我們在不知不覺間早就在做的事情。身為敏銳的觀察者，我們會細心觀察周遭的環境和人物，並迅速捕捉非語言的訊號。像是一個人眼神的微小移動，或者他們做手勢的方式，我們都會注意到。但是，儘管我們善於洞察他人，若沒有刻意練習，我們自己發出的非語言訊號可能反而最容易被忽略。

以下的部分是將多年來我對非語言溝通的學習與實踐，提煉成幾個關鍵技巧，讓你知道該做什麼、怎麼做，才能為自己創造溝通上的優勢。

非語言四部位

若我們想有意識的使用肢體語言，首先必須了解自己有哪些可運用的資源。讓我們從上往下，一一檢視肢體語言的四個區塊：頭／臉部表情、肩膀／胸、手臂／手，以及腿／腳，我稱這些為「非語言四部位」。當你妥善運用時，每個部位都能有效地傳達某種正向或負向的訊息。左頁這張表格可以作為參考依據。

請記住，無論是有意或無意，每一個動作都在傳遞訊息。因此這張表可以當作我們解讀自身肢體語言的指南。接下來，我們會更深入地拆解這四個部位，幫助你在說話時發揮最大的非語言影響力。

頭部動作和臉部表情

當我們第一次見到某人時，大腦會高速運轉，我們傾聽、評估，並有意識或無意識的決定自己是否信任這個人。就像打造電梯簡報一樣，與新朋友建立信任感的過程也很快速。哈佛大學和紐約大學的神經科學家指出，當我們對某人產生印象時，大腦中的兩個部分會亮起：與情緒學習相關的杏仁核（Amygdala），以及與決策相關的後扣帶皮層（Posterior cingulate cortex）。這兩個部位會即時處理我們看到的事物，快速建立對對方的印象。

紐約大學伊莉莎白・菲爾普斯（Elizabeth Phelps）在研究中指出：「即使我們只是與他人短暫相遇，大腦中負責評估的區域也會啟動，迅速形成第一印象。」[40]

肢體	正面訊號	傳達意涵	負面訊號	傳達意涵
頭／臉部表情	頭微微傾向講者或聽眾；思考時點頭並暫時低頭	專注或了解	眼神在房內四處游移	不關心或不確定
肩膀／胸	肩膀往後拉，朝向對話方向；身體微微前傾但胸口打開	參與其中	肩膀僵硬抬高且靠近耳朵；駝背、胸口內縮	焦慮或無聊
手臂／手	觀察時：手自然放在身側或桌上，佔有空間 說話時：以緩慢的手勢強調重點或展示相關物品	自在、自信	雙手插在口袋或雙臂交叉、動作急促	緊張或態度模糊
腿／腳	坐姿：雙腿交叉或腳踝放在對側膝蓋上擺成 4 字腿 站姿：雙腳相距約 30-45 公分	清醒、專注	腿抖動，坐立不安	不安、不舒服或緊張

形成印象的過程非常快，只需要幾秒鐘——具體的說，是七秒[41]。現在，如果我們把視角翻轉一下，當某人第一次見到我們時，他們很可能在腦海中經歷同樣的過程。他們也想知道是否可以信任我們。既然短短幾秒就能評估完對方，我們該怎麼展現出理想的樣子呢？這時就要談到臉部表情了。講話時頭部的移動方式、微笑的方式，甚至望向哪裡，都是可以傳遞情緒的非語言訊號，顯示我們當下的自在感與自信程度。

讓我們從眼神開始。對於來自安靜文化的人來說，眼神接觸有時可能很不自在，特別是面對有權勢的人時，直視對方的眼睛可能會讓人覺得彆扭，甚至在某些文化中，眼神接觸會被視為不尊重他人。然而，在外向文化中工作時，在傳達重點時保持眼神接觸，是我們向他人展示自信的方式。事實上，研究也顯示，人們會覺得講話時與他眼神交流的人比較有吸引力[42]；相反地，迴避眼神則容易讓人覺得你很緊張或缺乏把握。當我們感到自在時，保持眼神接觸很容易，但如果遇到棘手問題或被逼到絕境時，又該怎麼辦？

我最受歡迎的課程之一，是教導人們如何在面對困難的情況時，仍能保持領導風範。我所傳授的技巧為「低頭－抬頭－發言」，當你不知道該說什麼時，這個技巧能幫助你保持冷靜。

首先，**目光往下**，並輕微點頭，表示你在確認問題。即使你可能不知道答案，也會讓人覺得你正在思考。幾秒鐘之後，**抬起眼**，與對方進行眼神接觸，並清楚**說出你的回應**。這個動作非常有力，因為當人愣住時，可能會本能的移開目光，或是睜大眼睛、眉毛上挑，這些動作暴露了我們被嚇得措手不及或受到震驚。

至於明確的回應，你的答案可以很簡單，如：「很好的問題，讓我再回覆你」或「我現在沒有答案，但我會再告訴你」。以這種實事求是的方式回應，同時保持眼神交流，不但能顯示出你的控制力，也能減少使用填充詞。

在第七章中，我們分享了輕鬆簡報的祕訣，包括帶著正確的心態、連結我們的觀點，以及專注於過渡詞。不過，眼神的運用也能透露我們在臺上是否感到自在。對成長於安靜文化的人來說，光是站在聽眾面前，就可能會點燃內心最深處的恐懼。如果你真的無法直視觀眾，那就改看他們的頭頂吧。試著讓目光掃視整個房間，鎖定人們的頭頂，至少你看的是正確方向，而不是眼神飄忽、盯著地板或天花板。

同樣的，加州大學洛杉磯分校（UCLA）的傑出法學教授康傑里（Jerry Kang），在輔導緊張的學生時，針對如何自信的表達給了這樣的建議：「如果你要對群體說話，試著在對話的某個時刻，把注意力集中在某一個聽眾身上。」他說，「我會先掃視全場，找一個人進行眼神接觸，維持幾秒鐘，說完重點，然後再轉到下一個人。這會讓對方覺得自己是房間裡唯一跟你對話的人。」

我們的眼睛可以傳達很多訊息，但真正能讓人投入聆聽的，往往是一個微笑。

研究顯示，臉部表情愉悅的人被認為更值得信任。如果我們在微笑時配合「眉毛上揚」[43]，就可以在與他人互動時，提升我們的好感度。但需要注意的是，真誠的微笑和社交的微笑是有區別的。很多人平常可能不會特別區分兩種微笑，但是當我們看到它時，就會知道其中的差別。在社交的微笑中，我們的嘴角上揚，但臉上其他部位沒有變化；

微笑

社交的微笑

真誠的微笑

另一方面，真誠的微笑是臉頰會往上提、眼睛會微微瞇起。看看右頁這兩張圖片，注意一下你的感受有何不同，你會對誰印象更好？

所以請記住，如果我們說話的目的是要說服、推銷或表達某個觀點，真誠的微笑是一種強而有力的溝通方式。不僅能建立可信度，也能提升你的說服力。如果再適時結合眼神交流，整體表達效果會變得更有力量。

雙手是我們的資產

二〇一五年，我開始了第三份新聞記者的工作，這次是在聖地牙哥的ABC電視臺。我曾在雷諾的NBC和大紐約區的時代華納有線新聞臺工作過，我以為自己已經很懂怎麼講好一則引人入勝的新聞故事。但從第一週開始，我就發現還有很多東西需要學習。這家新電視臺的主管對於「吸引人的溝通方式」有一套非常具體的想法，而這套想法的核心，就是我們在說話時如何運用雙手。

她會說：「說話的時候，不要把手貼在身體兩側。你需要透過雙手向別人展示你在說什麼，才能吸引他們。」對她來說，身為記者，我們的工作就是抓住並維持觀眾的注意力，這樣觀眾才不會轉臺。在她看來，手勢就是一種視覺資產。她建議我們找一些東西來握住或比個手勢，以便傳遞我們的觀點。例如，如果我們在談論一本書，就拿起那本書；如果我們在談論一棵樹，就指向遠處那棵樹；或者什麼都沒有時，也可以用雙手來強調我們所要表達的觀點，例如，將雙手張開以表示巨大，或是將雙手舉到胸前來凸顯重點。關鍵是要避免在說話時，站得像木頭一樣僵硬。

二〇一五年，比爾．蓋茲（Bill Gates）在TED發表了目前最受歡迎的演講之一，題目為〈下一場疫情爆發？我們還沒準備好！〉，彷彿預言了五年後，新冠疫情大流行襲擊全球的情況，至今已獲得超過四千五百萬次的觀看數。

但讓這次演講引起共鳴（和病毒式傳播）的並不只是主題，而是蓋茲呈現這些資訊的方式。他一句話也沒說，就推著一個軍用級的大桶走上舞臺。他把桶子放好之後，走到舞臺中央，開始演講。

「我小時候，最擔心的災難就是核戰。我們家地下室就放著這樣的一個桶子，裡面裝滿了罐頭食物和水。」蓋茲指著桶子說。

「當核戰來臨，我們就得下樓，躲進地下室，靠這桶裡的東西維生。」

身後螢幕上出現蘑菇雲圖像，他繼續說道：「但如今，我們現在最該擔心的全球災難，已經不是這個了。」然後，他指著螢幕上的病毒照片：「而是這個。」

短短不到兩分鐘，蓋茲就靠著這些結合話語的動作，吸引了全場的注意力。現實中，我們大多數人在團隊會議上發言時，不太可能使用如此戲劇性的道具。但我們可以從中學到的是：蓋茲在發言時，並非只是站在那裡，雙手垂在身旁，而是用手勢來強調他說的話，並引導觀眾的目光。在職場的發言，尤其是做簡報時，也可以應用相同的技巧。事實上，只要善用手勢，就能提升我們在別人眼中的專業形象，因為這能幫助聽眾更好地理解我們的訊息[44]。

那麼，你在說話的時候，可以使用哪些有效的手部動作呢？下頁是一份簡單的對照單，可幫助你入門。

請記住，重點在於「有意識地使用」，我們的手勢應該與說出的話相輔相成，並強化我們的訊息。當你策略性的使用雙手，它可以成為我們的資產，相反的，任由雙手恣意揮舞，就可能變成干擾，甚至令人不快。沒有明確目的的手勢，反而會削弱效果。以下是無意中可能帶來負面影響的手部動作：

- 做出雜亂無章的手部動作，會讓我們顯得瘋狂和不自在。
- 用手指指著別人，會讓人感覺被冒犯。
- 雙手交叉在胸前，容易顯得防備心重。
- 抓癢或摸臉，會讓人認為你緊張或沒信心。
- 雙手緊貼著身體，會讓我們顯得僵硬和不自在。
- 把手插在口袋裡，可能給人膽怯或沒自信的印象。

如果我們要參加線上會議，請務必記住：在很大程度上，溝通仍是一種高度視覺化的體驗。

意圖	動作
強調觀點	雙手同時往前推出
建立信任	展示張開的雙手手掌
表達希望	比出交叉手指
表示數量	舉起特定數量的手指
表達反對	握緊拳頭

雙手（無論是否動作）都會傳達我們的情緒感受。若要有意識的使用手勢，有個簡單的方法，尤其是在進行線上簡報時，把手從滑鼠或鍵盤上拿開，改用手勢來強化我們正在表達的觀點。

肩膀與姿勢

我們的父母說得對，良好的姿勢確實很重要，所有那些叫我們抬頭挺胸、不要駝背的提醒，都有其道理。在溝通的領域裡，良好的姿勢不只是外表問題，也有其實用性。我們的肩膀和身體姿勢，會傳達一種不言而喻的訊息，讓人知道我們的感覺如何。尤其是在說話的時候，良好的姿勢會傳達自信和肯定的氣氛，而不良的姿勢則可能表示缺乏自信，甚至是不安全感。

花旗私人銀行南亞區主席李隆年（Lung-Nien Lee）表示，儘管他在國際企業中已晉升至最高職位，並備受尊重，但他在與團隊和利害關係人會面時，仍會注意自己的姿勢。他甚至把提醒自己在進入會議前要挺直身體，當成一種遊戲。

「當我要進門時，我會想像門框上掛著一個蘋果。然後，我會在腦中掂腳咬一口。我告訴你，它真的能讓你挺直身體。」李隆年說。

根據卡羅萊納海岸大學（Coastal Carolina University）的一項研究，他們發現姿勢與我們對自己的感受[45]之間存在著關聯。那些坐姿或站姿較挺的人，往往會認為自己比較有領導能力。他們也表示更有自信，因此行為也更有影響力，例如選擇坐在會議室前排的位置，而不是坐在最後面[46]。

金安琪拉（Angela Jia Kim）是 Savor Beauty 的創辦人，這是一個受韓國美容儀式啟發的天然保養品牌。她過去曾接受古典鋼琴家訓練，在美國和歐洲巡迴演出時，她仔細研究了儀態與姿勢之間的關係。

「我認為『姿勢』是我從鋼琴家生涯中，學到最重要的技巧之一。」安琪拉說。「懂得完全控制自己身體的人，會比身體鬆散的人更具存在感。我確保我走路的方式、姿勢，所有的一切都非常優雅、自信又有氣勢。」

下次當你進入會議室時，你該如何思考你的姿勢，讓它傳達正確的訊號？首先，讓我們想想脊椎，它是直的嗎？如果駝背，可能代表你缺乏熱情和活力。至於肩膀，如果我們保持肩膀下垂並放鬆，會讓人感覺你很自在，也準備好參與對話。再來看看胸口，是開展還是內縮？開展的胸膛顯示我們準備好了，並專注當下。

那麼，當我們參加的是一場視訊會議，也就是說，我們不必實際走進會議室時，又該怎麼注意姿勢呢？在我最受歡迎的領英線上課程《在視訊會議中展現領導力》中，我談到了虛擬場景下姿勢的重要性。其中我最喜歡的一段是「調整攝影機位置」，因為它非常直觀地展現了僅僅是調整鏡頭位置，就能讓我們的姿勢在鏡頭前呈現出天壤之別的效果。

舉例來說，若想讓人感受到我們的自信與存在感，對方就必須看到我們的整體姿勢。因此，我們應坐在距離鏡頭約六十到九十公分遠的地方，並把鏡頭調整到與眼睛平視。不能離鏡頭太近，或讓鏡頭從下往上拍，否則我們會看起來像一顆漂浮的頭；如果攝影機位置太高，畫面就會聚焦在額頭，這並不好看。這些看似微小的調整就能改變我們的形象和別人對我們的看法。

歸根結柢，如果善用肢體語言，它可以讓溝通更有吸引力和影響力。對於深受安靜文化價值觀影響的人來說，觀察他人的非語言訊號可能已是與生俱來的本能；但同樣重要的是，我們也要關注自己的肢體語言。當我們將肢體語言與所說的話結合起來，就可以強化想要表達的觀點，讓它更能深入人心。我們越是有意識地使用身體語言，就越有機會以自己想要的方式獲得關注。

#肢體語言就像美酒配佳餚

艾倫·亞伯拉罕（Alan Abrams）是金融科技產業的知名專家。最近，他晉升為公司的高階主管，同時發現自己需要提升公開演說的技巧。他的新職務要求他得參加更多公開活動，包括接受電視採訪，談論公司和產品。對艾倫來說，這份新工作既令人興奮又充滿挑戰，因為這與他習慣的幕後工作不同。但是，由於他要做的事情越來越多，所以他知道自己必須在這方面做得更快、更好。

當艾倫和我通第一次電話時，我播放了他最近接受電視訪問的影片。在剛開始幾秒鐘，我就看到他表現出的不自在和焦慮訊號。他的視線從主持人身上直瞟向桌子，身體彎腰駝背，他的手也藏起來。

為了幫助他改善，我們首先找來一段他想要參照的影片。這位執行長正在接受ＣＮＢＣ的訪問，他的肢體語言讓人覺得他很自在，甚至很享受。他的手勢經過深思熟慮，流暢的突出了他的觀點。他的肩膀敞開朝向主持人，展現專注與傾聽。在回答每一個問題前，執行長都會微笑並點頭思考。他的從容態度有目共睹。

艾倫和我討論了那次訪問，接下來的幾個星期，我們練習複製那次訪談。艾倫練習在聽問題時慢慢點頭，表示他正在思考和處理。我們也練習讓他把手放在桌上，以便在強調某個觀點時，更容易舉起雙手。我們確保他能提供臉部暗示，例如在訪問開始時，露出真誠的微笑，以及在說話時保持眼神接觸。為了確保他能看到自己的進展，我們進行了模擬訪談並錄音。我們重播這些模擬訪談並反覆練習，直到這些動作成為他的自然表達。

以下是模擬問答練習的範例：

潔西卡：艾倫，公司希望在未來五年內達到什麼目標？

艾倫：很好的問題（停頓並微笑）。我們有很大的計畫（張開手掌）（放下手掌）。事實上，我們才剛開始（擦過桌子表面）。在明年（使用一隻手並往外推），我們希望能開拓亞太地區（手勢比向左邊）和歐洲、中東及非洲地區（手勢比向右邊）的市場。

將有意識的肢體動作融入對話需要練習，但如果做得正確，它就像美食搭配了完美的葡萄酒一樣。目的不是搶走主餐的味道，而是提升味道和整體體驗。

給聰明人的提醒

關於視訊會議，我最常遇到的問題之一就是，如果其他人關掉鏡頭，我們是否還應該開著它？雖然盯著一個黑畫面感覺有點怪異，但答案是：「是的，保持開啟。」如果我們想要與他人建立融洽的關係，這一點尤其重要。雖然這讓人感覺像是一種單向關係，但我們必須提醒自己，應該善用所有可以展現的訊號——我們的臉部表情、手勢，以及整體的肢體語言，讓自己在對方眼中更具記憶點。當人們看到我們時，會覺得他們認得我們。這會創造出一種熟悉感和印象深度，從而促進連結。

POINT

本章重點

- 對於在安靜文化價值觀中長大的人來說，天生擅於會讀懂他人肢體語言，但要主動運用自己的肢體語言時，卻容易忽略。
- 比起我們的言語或語氣，肢體語言更會影響人們對我們溝通能力的評價。
- 某些文化可能不鼓勵直接的眼神接觸，尤其是當存在權力距離時。然而，研究顯示，人們通常認為與說話者有眼神接觸，會更具吸引力。
- 如果我們是為了說服、銷售或推銷而說話，真誠的微笑會更吸引人。
- 我們的雙手是容易被忽視的溝通資產，但如果我們刻意利用雙手來握住、指著或展示某些東西，就能讓表達更有影響力。
- 挺直的姿勢可以給人自信的感覺，也可以讓我們更有自信。

結語

本書的大部分內容，都源自我作為電視新聞記者期間學到的實務經驗。我驚訝的發現，這個產業中有許多強大又細膩的溝通技巧，都可以應用在職場世界。然而，有一點我沒說的是，在剛開始當記者時，我被教導要「講別人的故事，而不是成為故事本身」。

在某種程度上，當記者讓我感到安心，因為我可以提出問題，而不需要談論自己的不安全感。我可以隱藏自己內心深處的掙扎和挫折，避免暴露自己在工作中的真實感受。事實上，寫這本書最大的挑戰，就是脫下面具，鬆開我在鏡頭前精心打理的髮型，分享我在工作中最脆弱、甚至是最尷尬的，那些被遮蔽和被忽略的時刻。因為儘管我知道該做什麼、該怎麼做，但並非一帆風順。有時候我是自己最大的批評者，告訴自己：只要工作做得好，我的想法並不重要。在寫這本書的過程中，我甚至懷疑自己的想法是否值得分享——諷刺的是，這正是這本書的意義所在。工作不只是默默完成，而是要**建立工作的能見**

度，也就是讓別人看見你在做什麼、怎麼做。

創造安靜文化和外向文化這兩種概念後，好處之一是讓我感受到人與人之間的連結，比以往更深。我發現原來有非常多人，也在兩種文化之間努力平衡。這可能有些反直覺，但是說起自己在職場中「被忽視」或「卡住」的感受，反而讓人覺得自己變得更可見——因為你知道自己並不孤單。

因此，致每一位讀到這裡、認同自己屬於安靜文化，卻身處外向文化環境中的你：這本書就是為你而寫。你可以被看見，而且是以你希望的方式被看見。在你努力為自己和自己的想法發聲時，我將是你最大的啦啦隊。

我希望看到你在會議中有策略的發言。我希望看到你主動展示自己正在做的工作，讓他人看見你最好的樣子。我希望看到你創造屬於自己的機會，並自信的推銷你的想法。我希望看到你陶醉在勝利之中，而不會因此感到內疚。換框思考、制定策略和有效溝通，都是可以幫助你釐清困惑、突破困境的技巧，讓你知道該做什麼以及如何去做。我刻意將本書架構設計成如此，就是希望當你需要靈感或特定的溝通技巧時，你可以快速翻到正確的頁面，然後學以致用。

我寫這本書的另一個願望，是希望它能成為一個催化劑，讓大家更廣泛的討論人們在職場表現自我和參與互動的方式。一個人比較沉默寡言，並不代表他的能力、投入度或存在感比較低。事實上，情況恰恰相反。那些在安靜文化中成長的人，只要不被當作「隱形人」，完全有能力在團隊與專案中，發揮深遠的影響力。因此，對於想要建立更具包容性團隊的領導者來說，請記得：每個人與人互動、運用時間、展現成就和處理衝突的方式都可能不同，而這些差異大多數是源自我們的成長背景。**承認這種多樣性，才能為所有人創造更好的工作環境。**

在這段旅程的最後，我想告訴你的是：你已經具備讓自己在職場中被看見的能力，而且是因為對的理由。不需要為了適應外向的工作環境而改變自己，我們只需要聰明掌握自己的表現方式和溝通方式。這樣一來，在所有的環境中，在不論在哪種環境、面對什麼人，我們都能自在地表現自己。

即使在過程中，我們會絆倒或跌倒，也沒關係，只需鼓起勇氣再嘗試一次。這本書裡的每一個方法、每一段鼓勵，都是為了讓你升級，因為你絕對值得被聽到和看到。事實上，我也正與你一同努力。當我們並肩前行，就是在展現安靜文化者所擁有的強大力量。

謝詞

在這本書的寫作接近尾聲時，我不禁對我的支持者大軍感到萬分感謝。從一顆想法的種子，到你現在手中的這本書，我花了將近五年的時間。有太多的日子和不眠之夜，我不知道自己是否能走到終點，但終於，我們到了。

如果沒有我出色的編輯梅根．麥柯密特（Megan McCormack），這本書根本不可能完成。感謝你對我和這個想法的信任，也感謝你讓這本書有了今天的成就。我很感謝你對我的信任，以及你激勵我往更大的方向思考。我的夢想是擴大這本書的主題，讓更多讀者產生共鳴。是你以深思熟慮的問題和鼓勵，讓這一切成為可能。感謝妮琪．帕帕督伯洛斯（Niki Papadopoulos）和安德里安．查克漢（Adrian Zackheim）對本書的支持，感謝你們的貢獻和專業知識，讓本書的主旨更加明確。我特別喜歡我們關於安靜文化和外向文化的討論，這讓我們得以命名了這個真實存在卻少被談論的職場現象。感謝蘇珊特．布魯克斯

（Susette Brooks）：你在閱讀我的手稿後寄來的鼓勵信，對我來說意義非凡——絕對遠超你所想。這本書在 Portfolio 出版社找到了最好的歸宿。感謝企鵝蘭登出版社的所有員工，讓這本書得以面世。

感謝我的文學經紀人瑞秋．艾克史東．柯瑞琪（Rachel Ekstrom Courage）：從我們見面的那一刻起，我就知道我們會合作愉快。感謝你看到這本書的潛力，全力支持這本書，並在整個過程中引導我。我很幸運能與你並肩作戰，我也持續從你身上學習到許多有關出版業的知識。

特別感謝我最早的支持者，是他們幫助我提筆寫成這本書。我要感謝我的第一位編輯丹尼安．古德曼（Danielle Goodman）：當我的腦子裡充滿著各式各樣，卻沒整理過的想法時，你就已經理解了我對這本書的願景，並願意幫助我。感謝彼得．古札第（Peter Guzzardi）：在我還沒準備好之前，你的評論就已經為我種下了應該把這本書寫成什麼樣子的想法。感謝艾瑞兒．哈巴特（Ariel Hubbard），她幫助我逐章精進原始的手稿。還有我盡心盡力的研究人員亞歷山大．史當浦（Alexander Stump）和瑞帝．阿加瓦（Ridhi Aggarwal）：感謝你們挖掘出支撐這本書的珍貴素材。

感謝郭萊斯利（Leslie Kwoh）：你的想法和批評非常寶貴。你的回饋在本書中得到了很好的回應。喬斯林・達古娜（Joscelyn Daguna）和汪海蓮娜（Helena Wong）：感謝你們的友誼，也感謝你們對書稿與設計的建議，使其更臻完美。從一開始就支持這個想法的洪艾希莉（Ashley Hong），以及Soulcast Media團隊：感謝你們撐起整個後端運作。

我也想感謝所有接受我訪問的人：艾咪・古德曼（Amy Goodman）、杜艾咪（Amy Tu）、金安琪拉（Angela Jia Kim）、安妮・莫（Anne Mok）、安・米拉－高（Ann Miura-Ko）、羅奧戴麗（Audrey Lo）、張雪麗（Cheryl Cheng）、劉堂（Don Liu）、馬艾迪那（Edna Ma）、李葛羅莉雅（Gloria Lee）、鍾潔米（Jamie Chung）、康傑里（Jerry Kang）、金恩・史考特（Kim Scott）、克麗絲丁・泰勒（Kristen Taylor）、琳達・阿古塔加納（Linda Akutagawa）、李隆年（Lung-Nien Lee）、梅根・W（Megan W）、梅梅（Mei Mei）、陳麥可（Michael Chen）、李莫妮卡（Monica Lee）、劉南茜（Nanxi Liu）、劉理查（Richard Liu）、劉珊德拉（Sandra Liu）、宋・理查德森（Song Richardson）、塔蒂亞娜・柯洛夫（Tatiana Kolovou）、托普・佛拉玲（Tope Folarin）和邱威爾森（Wilson Chu）。感謝你們抽出寶貴的時間，和我分享你們在溝通上的成長以及

在職場上的經驗教訓。雖然我無法收錄所有的故事和軼事，但每一次的對話，都在或大或小的程度上，影響了這本書的樣子。你們的建議和洞見都滲透進這些文字之中，現在可以幫助那些在安靜文化價值觀中成長的讀者，找到在職場提升能見度的聰明方式。

寫書是一段奇妙的旅程。這是一個孤獨的過程，充滿了自我懷疑，但同時也很有價值，因為你在途中會遇到許多傑出的人。我很珍惜新結識的許多作家朋友，特別是伊萊恩・林・赫琳（Elaine Lin Hering）。你的善意和支持意義重大，我很高興我們能一起踏上這段旅程。

最後，是我的家人。感謝我的母親，她是我們家的黏合劑。你的無私無與倫比，你在背後無聲的支持，我全都記在心裡。感謝你讓我有時間專注於這項工作。致我的弟弟艾瑞克：我非常珍惜我們之間的手足之情。我們幾乎同時創業，看到你的成長，我很受啟發。感謝你成為我最好的傾聽者，讓我做最真實的自己。致我的父親：你的創業精神，是我之所以能走到今天的原因。因為你讓我相信，每個人都能闖出自己的道路。致卡特：我非常愛你，能成為你的媽媽，是我這輩子最幸福的事。你永遠是媽媽的寶貝。最後，致我的丈夫家榮（KaWing），感謝你對我寫作過程的理解。雖然你可能早已受夠深夜不斷敲擊的鍵盤聲，但的耐心與支持，幫助我完成了這本書。謝謝你，允許我做我自己。

如果不是有人從一開始就對我這個演講者和導師抱有信心，我不可能接觸到如今超過兩百萬的學員。我感謝那些採納我們工作成果的機構，也感謝選擇與我們合作職場培訓的組織。我很感謝那些邀請我對他們的全球聽眾演講的企業，讓我能將「聰明而不喧鬧」的影響力之道，帶向世界。

本書註解

第一章

1. 「霍布斯、洛克、孟德斯鳩和盧梭談政府」，《人權法案行動20》，第二期（二〇〇四年），憲法權利基金會，https://www.crf-usa.org/bill-of-rights-in-action/ bria-20-2-c-hobbes-locke-montesquie-and-rousseau-on-government.
2. 「領導原則」，亞馬遜，二〇二三年十一月十三日日造訪，https://www.amazon.jobs/content/en/our-workplace/leadership-principles.
3. 「我們讓工作對每個人來說都有意義，無處不在」，Gusto，二〇二三年十一月十三日造訪，https://gusto.com/about.
4. 「看看 Enova 內部是什麼樣子」，Enova，二〇二三年十一月十三日造訪，https://www.enova.com/culture.
5. 亞當・布萊恩特（Adam Bryant）：「Google 尋求打造更好的老闆」，《紐約時報》，二〇一一年三月十二日造訪，https://www.nytimes.com/2011/03/13/business/13hire.html.

6. 傑夫瑞．菲佛（Jeffrey Pfeffer）和羅伯特．薩頓（Robert I. Sutton），「以實證為基礎的管理」，《哈佛商業評論》，二〇〇六年一月，https://hbr.org/s2006/01/evidence-based-management#:~:text=Research%20by%20Wharton%27s%20Lisa%20Bolton,a%20big%20advantage%20over%20competitors.

7. 約翰．范．瑪南（John Van Maanen）和埃德嘉．沙因（Edgar H. Schein），「邁向組織社會化理論」，《組織行為研究》1, no. 1 (1977)：209-64。

8. 娜塔莉．馬尚（Natalie Marchant），「多說話的人更有可能被視為領導者」，世界經濟論壇，二〇二一年八月九日，https://www.weforum.org/agenda/2021/08/leaders-talk-more-babble-hypothesis.

9. 亞伯特．班度拉（Albert Bandura），《社會學習理論》(Hoboken, NJ: Prentice-Hall, 1977).

第二章

10. 席夢斯瑪基（N. Simmons-Mackie），「失語症的溝通夥伴訓練：對溝通適應理論的思考》，《Aphasiology》（失語症療法）32，第 10 期（二〇一八年）：1135-44.30

11. 艾比利和布拉克穆勒（A. E. Abele and S. Bruckmüller），「『兩巨頭』中較大的那一個？共同資訊的優先處理」。《實驗社會心理學雜誌47》，no. 5 (2011): 935–48, https://doi.org/10.1016/j.jesp.2011.03.028.

12. 羅列特、比吉玶馬與羅爾編著（W. Rollett, H. Bijlsma, and S. Röhl, eds），「學生對學校教學的反饋：使用學生對教學和教師發展的看法」(New York: Springer, 2021)。

13. 維克多・鄭（Victor Cheng），「面試官在諮詢案例面試中注意到的事項」。CaseInterview.com, https://caseinterview.com/what-interviewers-notice-consulting-case-interview.

14. 艾爾，賴茲（A. Ries），「了解行銷心理學與光環效應」，《廣告時代》（*Ad Age*），二〇〇六年四月十七日。

15. 艾克斯連與蓋耶（J. J. Exline and A. L. Geyer），「對謙卑的看法：初步研究」，《自我與身分3》（*Self and Identity 3*）, no. 2 (2004): 95–114, https://doi.org/10.1080/13576500342000077.

16. 海特（J. Haidt），「提升與道德的積極心理學」，收錄於《幸福：積極心理學與美好生活》（*Flourishing: Positive Psychology and the Life Well-Lived*），凱耶斯與海地編輯（C. L. M. Keyes and J. Haidt）華盛頓特區：美國心理學協會 (Washington, DC: American Psychological Association, 2003), 275–89, https://doi.org/10.1037/10594-012.

17. 維亞內洛，加利安尼，與海地（M. Vianello, E. M. Galliani, and J. Haidt），「工作中的提升：領

導者道德卓越的影響》，《積極心理學期刊》（*Journal of Positive Psychology*）第 5 期 (2010): 390–411, https://doi.org/10.1080/17439760.2010.516764.

18. 布希與福爾格（R. A. B. Bush and J. P. Folger），《調節的承諾：透過授權和認可回應衝突》（*The Promise of Mediation: Responding to Conflict through Empowerment and Recognition*）(Hoboken, NJ: Jossey-Bass, 1994).

19. 丹尼爾・摩登（Daniel C. Molden），「了解社會心理學中的引導效果：什麼是『社會促發』，它是如何發生的？」《社會認知》（*Social Cognition*）32, suppl. (2014): 1–11.

第三章

20. 巴塔查理亞與伯達（B. Bhattacharyya and J. L. Berdahl），「你看見我了嗎？有色人種婦女在工作中被隱形的經驗與反應差異的歸納檢驗」，《應用心理學期刊》（*Journal of Applied Psychology* 108）no. 7 (2023): 1073–95, https://doi.org/10.1037/apl0001072.

21. 馬修・索蘭（Matthew Solan），「放慢急速的思緒」，哈佛健康出版，二〇二三年三月十三日，https://www.health.harvard.edu/blog/slowing-down-racing-thoughts-202303132901.

22. 西西利雅・陳等多位作者（C. K. Y. Chan et al.），「吸引亞洲學生培養自信心的課程設計有哪些基本特徵？」《課程與教學》（*Curriculum and Teaching*）35, no. 2 (2020): 25–44.

第四章

23. 小紅與佩尼（X. Xiaohong and S. C. Payne），「指導的數量、質量和滿意度：什麼最重要？」《職業發展期刊》（*Journal of Career Development*）第 41 期，no. 6 (2014): 507–25。
24. 布芮妮・布朗（Brené Brown），《召喚勇氣》（*Dare to Lead*），廖建容譯，天下雜誌，二〇二〇年
25. Humanists@Work，《工作價值清單》（*Work Values Inventory*），https://humwork.uchri.org/wp-content/uploads/2015/01/Workvalues-inventory-3.pdf.

第五章

26. 凱特・斯威曼（Kate Sweetman），「在亞洲，權力擋住了道路」，《哈佛商業評論》，二〇一二年四月十日，https://hbr.org/2012/04/in-asia-power-gets-in-the-way.
27. 庫澤斯與波斯納（J. M. Kouzes and B. Z. Posner），《可信度：領導者如何獲得和失去可信度，人們為什麼要求可信度》（*Credibility: How Leaders Gain and Lose It, Why People Demand It*）

(Hoboken, NJ: Jossey-Bass, 2011)。

28. 艾倫・米克森、大衛・史隆，與克里斯・提奧索（Alan C. Mikkelson, David Sloan, and Cris J. Tietsort），「員工對主管溝通能力的看法及與主管可信度的關係」《溝通研究》（*Communication Studies*）72, no. 4 (2021): 600-17,https://doi.org/10.1080/10510974.2021.1953093.

第六章

29. 艾林・梅爾（Erin Meyer），《文化地圖》（*The Culture Map*）(New York: Public-Affairs, 2015), 35.

30. 劉（M. Liu），「溝通方式與文化」，《牛津傳播研究百科全書》（*Oxford Research Encyclopedia of Communication*），二〇一六年十一月二十二日，https://oxfordre.com/communication/view/10.1093/acrefore/9780 190228613.001.0001/acrefore-9780190228613-e-162.

31. 愛德華・托里・希金斯（E. T. Higgins），「推廣與預防：作為動機原則的監管重點」，《實驗社會心理學的進展》（*Advances in Experimental Social Psychology*）30 (1998): 1–46, https://doi.org/10.1016/S0065-2601(08)60381-0.

32. 海蒂・格蘭特與愛德華・托里・希金斯（Heidi Grant and E. Tory Higgins），「你比賽是為了贏，

還是為了不輸？」《哈佛商業評論》，二〇一三年三月，https://hbr.org/2013/03/do-you-play-to-win-or-to-not-lose.

33. 科特撰稿人（Kotter Contributor），「認為你的溝通已經夠了嗎？再想想」《富比士》，二〇一一年六月十四日，https://www.forbes.com/sites/johnkotter/2011/06/14/think-youre-communicating-enough-think-again/?sh=3819d36275eb.

第七章

34. 卡曼．蓋洛（Carmine Gallo），「兩千年來說服人的藝術從未改變」《哈佛商業評論》，二〇一九年七月十五日，https://hbr.org/2019/07/the-art-of-persuasion-hasnt-changed-in-2000-years.

35. 劉等作者（S. Liu et al.），「停頓時間如何影響對英語演講的印象：母語人士與非母語人士的比較」《心理學前沿》（*Frontiers in Psychology*）13 (2022), https://doi.org/10.3389/fpsyg.2022.778018.

36. 田郡（K. H. Teigen），「耶基斯－多德森定律：四季皆宜的法律」《理論與心理學》4, no. 4 (1994): 525–47, https://doi.org/10.1177/0959354394044004.

第八章

37. 溫蒂・雷伯涅，「超越言語：你的聲音如何塑造你的溝通形象」，Remodista（部落格），二〇二〇年六月二十五日，https://www.remodista.com/blog/beyond-words-how-your-voice-shapes-your-communication-image.

38. 「向上轉折之不可阻擋的進程？」BBC，二〇一四年八月十一日，https://www.bbc.com/news/magazine-28708526.

第九章

39. 柏雪德（E. S. Berscheid），「無聲訊息回顧：情感和態度的隱性溝通。」第二版《*PsycCRITIQUES*》26, no. 8 (1981): 648, https://doi.org/10.1037/020475.

40. 紐約大學，「科學家辨識第一印象的神經迴路」，《*ScienceDaily*》, March 13, 2009, www.sciencedaily.com/releases/2009/03/090308142247.htm.

41. 卡洛・金賽・哥曼（Carol Kinsey Goman），「七秒建立第一印象」《富比士》February 13, 2011, https://www.forbes.com/sites/carolkinseygoman/2011/02/13/seven-seconds-to-make-a-first-impression/?sh=45fa8a272722.

42. 康威等作者（C. A. Conway et al.），「人類注視偏好的適應性設計證據」，《皇家學會會議記錄B：生物科學》275, no. 1630 (2008): 63–69, http://doi.org/10.1098/rspb.2007.1073.

43. 董等作者（Y. Dong et al.），「面部表情和面部性別對可信度判斷的影響：合作與競爭環境的調節效應」，《心理學前沿》第9期 (2018): 2022, https://doi.org/10.3389/fpsyg.2018.02022.

44. 奧頓・何斯特特（Autumn B. Hostetter），「手勢何時溝通？統合分析」《心理學公告」（Psychological Bulletin） 137, no. 2 (2011):297–315, https://doi.org/10.1037/a0022128.

45. 莎拉・安妮特與泰瑞・派丁強二世（Sarah L. Arnette and Terry F. Pettijohn II），「姿勢對自我認知領導力的影響」，《國際商業與社會科學期刊》（*International Journal of Business and Social Science*）3, no. 14 (2012): 8–13, https://ijbssnet.com/journals/Vol_3_No_14_Special_Issue_July_2012/2.pdf.

46. 安妮特與派丁強（Arnette and Pettijohn），「姿勢對自我認知領導力的影響」。

翻轉學　翻轉學系列 151

聰明表達，安靜也有影響力

不用改變天性，也能在職場脫穎而出的關鍵能力

Smart, Not Loud

作　　　者　陳俐安（Jessica Chen）
譯　　　者　吳宜蓁
封 面 設 計　萬勝安
內 文 排 版　顏麟驊
責 任 編 輯　洪尚鈴
出版一部總編輯　紀欣怡

出　版　者　采實文化事業股份有限公司
執 行 副 總　張純鐘
業 務 發 行　張世明・林踏欣・林坤蓉・王貞玉
國 際 版 權　劉靜茹
印 務 採 購　曾玉霞
會 計 行 政　李韶婉・許俽瑀・張婕莛
法 律 顧 問　第一國際法律事務所　余淑杏律師
電 子 信 箱　acme@acmebook.com.tw
采 實 官 網　www.acmebook.com.tw
采 實 臉 書　www.facebook.com/acmebook01

I S B N　978-626-431-032-1
定　　　價　420 元
初 版 一 刷　2025 年 7 月
劃 撥 帳 號　50148859
劃 撥 戶 名　采實文化事業股份有限公司
104 臺北市中山區南京東路二段 95 號 9 樓
電話：(02)2511-9798　　傳真：(02)2571-3298

國家圖書館出版品預行編目資料

聰明表達，安靜也有影響力：不用改變天性，也能在職場脫穎而出的關鍵能力／陳俐安（Jessica Chen）作，吳宜蓁譯. -- 初版. -- 臺北市：采實文化事業股份有限公司, 2025.07
288 面；14.8×21 公分. --（翻轉學；151）
譯自：Smart, not loud
ISBN 978-626-431-032-1（平裝）

1.CST：職場成功法　2.CST：溝通技巧　3.CST：內向性格
494.35　　114006730

采實出版集團
ACME PUBLISHING GROUP